国家自然科学基金重点项目（41930650）资助

基于夜间灯光遥感技术的城市不透水面制图研究

郭　伟　赵学胜
孙文彬　张玉环　◎ 编著

西南交通大学出版社
·成　都·

图书在版编目（CIP）数据

基于夜间灯光遥感技术的城市不透水面制图研究 / 郭伟等编著. —成都：西南交通大学出版社，2022.6
ISBN 978-7-5643-8709-9

Ⅰ. ①基… Ⅱ. ①郭… Ⅲ. ①遥感技术－应用－城市空间－不透水层－制图－研究 Ⅳ. ①TV223.4

中国版本图书馆 CIP 数据核字（2022）第 094010 号

Jiyu Yejian Dengguang Yaogan Jishu de Chengshi Butoushuimian Zhitu Yanjiu
基于夜间灯光遥感技术的城市不透水面制图研究

郭 伟 赵学胜 孙文彬 张玉环 编著

责任编辑	赵永铭
封面设计	何东琳设计工作室
出版发行	西南交通大学出版社（四川省成都市金牛区二环路北一段 111 号 西南交通大学创新大厦 21 楼）
发行部电话	028-87600564 028-87600533
邮政编码	610031
网址	http://www.xnjdcbs.com
印刷	四川煤田地质制图印刷厂
成品尺寸	170 mm×230 mm
印张	9.75
字数	136 千
版次	2022 年 6 月第 1 版
印次	2022 年 6 月第 1 次
书号	ISBN 978-7-5643-8709-9
定价	58.00 元

前言 Preface

不透水面被定义为人工制造，且水分不能透过的地球表面。它主要是基于满足人类活动和居住而建设的相关的交通基础设施与人工建筑物。不透水面是定量评价城市发展、城市生态学以及城市环境等前沿领域研究的重要因素，广泛地应用于城市土地利用分类、居住人口评估、城市土地利用规划、城市水文模型、城市气候模型以及城市环境评估，特别是水环境面源污染以及径流影响等方面的研究。但是不透水面作为区域和全球城市化问题的重要驱动因子，在区域和全球尺度范围内进行精确制图仍然是一项挑战。传统基于地面调查方式进行的不透水面制图显然不能满足快速制图的要求，遥感手段则是实现城市不透水面快速、精确制图的最佳选择。低分辨率遥感数据可以快速、大范围地获取地面观测数据，是大尺度不透水面制图的有效手段。其数据源主要有中等分辨率成像光谱仪（Moderate-resolution Imaging Spectroradiometer，MODIS）、甚高分辨率辐射仪（Advanced Very High Resolution Radiometer，AVHRR）、国防气象卫星计划线扫描系统（Defense Meteorological Sate-llite Program，DMSP-OLS）、美国国家极地轨道伙伴计划可见红外辐射套件昼夜波段（Suomi National Polar Partnership Day/Night Band，SNNP VIIRS-DNB）等。但是低分辨率的遥感影像如 MODIS、AVHRR 等存在的混合像元问题，仍旧是制约大尺度快速精确制图的主要因素。研究区域主要集中于城市的夜间灯光数据如 DMSP-OLS、VIIRS-DNB 则具有很好的大尺度不透水面精确制图潜力，但是灯光数据本身也存在诸如数据饱和、数据外溢、空间分辨率过低等问题，使得大尺度的不透水面精确制图受到影响。

美国国防气象卫星计划的线扫描应用系统（DMSP-OLS）作为一种低分辨率遥感数据，包含了许多与城市相关的信息，同样也与城市不透水面信息密切相关，该数据是大尺度不透水面制图的有力工具。本研究中提出了一种新的融合变量——归一化不透水面指数（Normalized Impervious Surface Index，NISI），该指数通过结合低分辨率的 DMSP-OLS 与 MODIS 归一化植被指数(Normalized Vegetation Index，NDVI)，克服了传统的阈值法容易遗漏较小不透水面以及不能表现空间细节的缺点。本研究表明基于 DMSP-OLS 和 MODIS NDVI 的融合变量 NISI 表现出了比单一的 DMSP-OLS 或者 MODIS NDVI 更高的制图精度，该合成变量用于大尺度不透水面制图极具潜力。通过线性回归方法用于融合变量的不透水面制图结果大大改善了不透水面分布的空间信息和制图精度。本研究提出的 NISI 融合变量具备快速地更为精确地估算大尺度不透水面的能力，该方法节约了时间和人力成本。

除此之外，DMSP-OLS 由于其较低的空间分辨率、数据饱和以及数据溢出等造成了不透水制图精度较低，发展更高分辨率、更高量化级别的卫星传感器已经迫在眉睫，SNPP 的可见光红外成像辐射仪具有白天/夜间模式的波段 VIIRS-DNB，具有比 DMSP-OLS 更高的空间分辨率和量化动态范围，为不透水面空间分布制图提供了新的视角，但是还没有广泛应用到相关的不透水面制图研究中。本研究试图创建一个基于 VIIRS-DNB 和 MODIS NDVI 的新变量——大尺度不透水面指数（Large-scale Impervious Surface Index，LISI），用于不透水面分布制图。研究中采用线性回归方法，从 LISI 图像中选出的样点作为自变量，从相应的高分辨率 Landsat 影像中提取的不透水面作为因变量。结果显示基于 LISI 的不透水面制图比基于单变量的 VIIRS-DNB 或 MODIS NDVI 有更高的精度和更好的空间分布信息，总体的 RMSE 达到了 0.11。因此，LISI 是进行大尺度不透水面分布制图的可靠变量。

DMSP-OLS、VIIRS-DNB、MODIS NDVI 和 PROBA-V 等数据为大尺度不透水面研究提供了可靠的数据源，基于上述数据也发展了很多的新方法用于不透水面制图，但是上述变量和方法较少进行对比研究，因而缺乏通用性。研究中通过分析单变量 DMSP-OLS、MODIS NDVI、VIIRS-DNB 等数据，对比了三种数据用于大尺度不透水面制图的效果并做了不确定性分析。除此之外，通过将上述灯光数据与植被数据的两两结合产生了新的融合变量，并将这些新的融合变量应用于不同的地区，结果显示融合变量比单变量的不透水面制图精度更高，空间细节表现更好，适用性也更强。

机器学习语言作为一种非参数的算法既可以用来做分类研究也可以做回归分析。基于机器学习语言的分类方法已经应用到低分辨的

DMSP-OLS 数据和植被数据的不透水面制图研究中，并且也得到了较好的制图结果。基于低分辨率数据的不透水面制图研究目前还多是采用线性回归和多元回归方法获取不透水面密度，机器学习语言的回归方法目前还很少应用于 DMSP-OLS 数据和低分辨率遥感影像及融合变量影像，尤其是利用上述数据的大尺度不透水面分布制图研究则更少涉及。与此同时，很多基于遥感图像的研究表明非参数的机器学习语言往往比线性回归和多元回归的效果更好、精度更高。因此，本研究还采用 BP-ANN 回归和 SVR 回归方法结合本书提出的合成变量用于大尺度不透水面制图，除此之外，还将机器学习语言方法用于单变量与合成变量的不透水面制图结果作对比分析。

在本书即将出版之际，特别感谢国家自然科学基金重点项目（41930650）在研究过程中所给予的经费资助。在本书出版的过程中，还得到了中国矿业大学（北京）测绘与土地利用系及遥感与地理信息系的全体同事的热情帮助和指导，在此表示感谢！

鉴于作者水平有限，时间仓促，书中难免存在不妥或疏漏之处，敬请读者批评指正。

著　者

2022 年 4 月

目 录 Contents

1

PART ONE

绪　论

1.1　研究背景及意义

1.1.1　不透水面基本概念

不透水面（Impervious Surface Area，ISA）是城市区域的重要特征，被定义为一种水不能快速入渗到地表以下的人工覆盖类型。通常是指被沥青、混凝土、砖块以及石材等物质覆盖并且渗透率较小的地物，诸如建筑物顶部、人行道、公路、广场、机场、停车场等多种类型的人工建筑物区域[1,2]，与透水性较好的植被和土壤地表面相反。

不透水面使降水难以入渗到土壤，导致当地的入渗和土壤水分减少，不透水面的增加则使得地表径流增加（见图 1.1），同时也增加了暴雨来临时洪水的发生频率[3]。地表径流的增加，使更多土壤、灰尘和杂物冲刷流入河道，是河流水质恶化的一个重要原因，包括营养物、有毒物和沉淀物在内的非点源污染物会随着地表径流向河流、湖泊内传播，从而不可避免地对水质和水生生态环境产生极为负面的影响[4]。此外，不透水面盖度与地表温度有着强烈的正相关关系，不透水面面积的增加会加深城市热岛效应[5]。这是因为不透水面具有较强的太阳辐射吸收能力，吸收的辐射又逐渐以长波辐射的形式发射出去，反过来加热城市冠层和边界层，改变其显热和潜热通量[6]，进而改变城市地区的水热循环过程，最终影响城市气候。

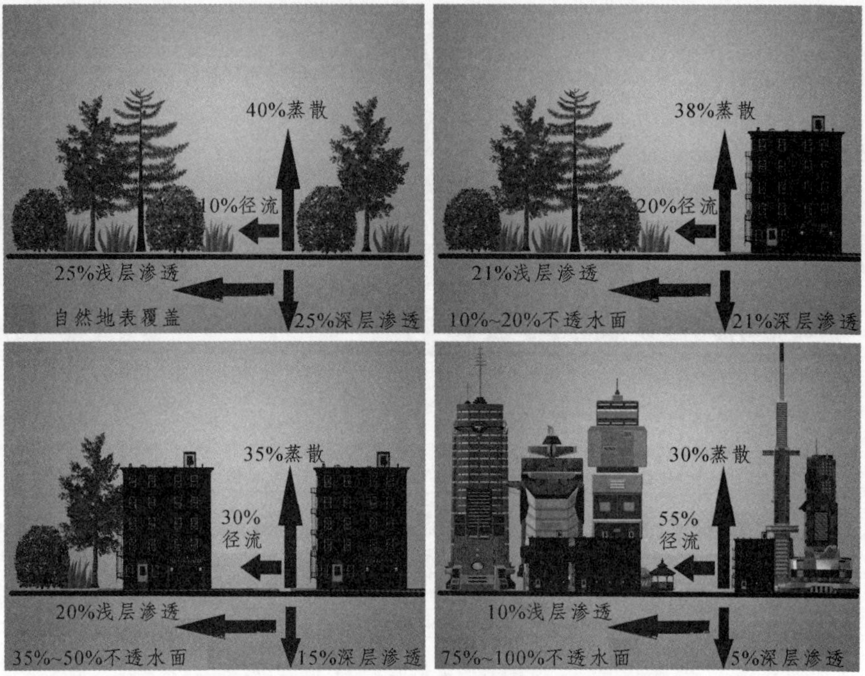

图 1.1　不同的不透水面密度对径流的影响

1.1.2　研究背景

城市增长通常表现为两种形式：一方面表现为城市人群收入增加和人口增长，另一方面表现为城市的空间扩张。对于一些发达国家，其城市化水平较高，人口增长率较低，城市化表现为收入的增加和空间扩张的速率变缓。但就长时间序列（几十年时间）和全球范围来看，特别是对发展中国家近几十年来的发展变化而言，城市化进程中无论是收入还是城市空间扩展两个方面表现都更为突出。中国自 1978 年实施改革开放以来，城市发展的突出表现之一就是城市化面积的不断增加，城镇建设用地面积扩展加速带来了不透水面面积增加。进入 21 世纪以来，中国以年均 1.2%的城市化速度增长，2008 年中国城市化水平达到了 45.77%。在此期间受到“西部大开发”等国家层面国土开发战略、区域城市圈等区域开发战略、重大建设工程实施等一系列因素的影响，加之中国经济快速增长，导致中国城乡建设用地快速扩张，不透水面迅速增加[7]。

快速城市化过程带来的不透水面迅速增加，已经引起严重的环境问题，目前得到了社会广泛关注。随着城市化进展加快，局部的环境问题也会越来越突出，进而影响到区域甚至全球的生态环境系统。城市化最主要的表现是越来越多的不透水面替代了以植被和土壤为主的土地利用类型。快速城市化背景下的不透水面迅速增加，改变了地表径流，增加洪水灾害的频率，加重面源污染，改变城市下垫面以及影响城市的生物多样性。尤其通过潜热与显热的改变，显著增加热岛效应，进而演变成一些区域和全球尺度的生态环境问题。城市土地利用变化带来了不透水面的增加，该变化引起的生态环境效应是造成全球环境变化的重要原因，并日益受到国际社会的关注。涉及不透水面的城市规划和生态环境研究现已成为全球变化新的热点，如政府间气候变化专门委员会（IPCC）、美国国家气候评估中心等国际科学和政治团体对全球范围内不透水面信息需求越来越迫切[8]，联合国可持续发展目标（Sustainable Development Goals，SDGs）也明确了建设包容、安全、有抵御灾害能力和可持续的城市和人类住区，对不透水面数据的分析可以为更加科学的决策做指导。因此，快速精确地进行不透水面制图显得尤为重要。

不透水面获取的传统方法主要通过各种统计数据获得，这种方法不仅费时费力，而且由于统计口径的不稳定，易导致年份间、地区间指标不具备可比性[9]。遥感技术作为一种大尺度实时快速获取地面空间信息的手段，可以方便快捷地获取城市不透水面制图结果，起到节约时间、人力和物力成本的作用。小地区不透水面制图常用的数据源往往是高分辨率的遥感影像，如 QuickBird，IKONOS 或中等分辨率数据如 Landsat TM[10-13]。研究方法主要有基于像元方法[11,14,15]、亚像元方法[16-18]、面向对象方法[10]和基于光谱混合分析算法[19-21]。但是这些数据和方法的选择主要还是应用于个别城市及局部地区的不透水面制图研究，由于实际操作中的成本问题，它们并不适用于全球或区域尺度[22]。目前快速城市化及其引起的相关环境问题，往往又是大区域和全球性的，这就使得快速精确地绘制全球或区域尺度的城市不透水面成为一项非常紧迫的工作。如果这项工作使用高精度或者中等精度空间分辨率影像，其成本将是相当巨大，如购买遥感影像花费昂贵、处理解译图像费时费力等都将成为限制因素，因此必须采用合适的变量和方法来及时、准确地绘制大尺度城市空间及其分布的方法及变量。目前出现的谷歌地球引擎（Google Earth Engine，GEE）平台已经让中等分辨率、大尺度不透水面制图成为可能，但是在不透水面制图方面仍然面临一些问题，需要不断优化相关的提取算法。

低分辨率遥感技术可以快速、大尺度地获取地面数据，是不透水面制图的有效手段。低分辨率的遥感影像用于大尺度的区域和全球性研究是相关的研究热点，所使用的数据源主要有 MODIS、AVHRR、DMSP-OLS 以及 VIIRS-DNB 等。但是低分辨率的遥感影像如 MODIS，AVHRR 等存在的混合像元问题仍旧是制约大尺度快速精确制图的重要因素。夜间灯光数据主要集中于城市区域，具有很好的城市不透水面精确制图潜力，虽然目前已经得到重视，但相关研究还不充分。

1.1.3 研究意义

近年来不透水面已成为城市化进程的评价指标之一，同时也是环境质量的评价指标。不论是城市规划人员、科学研究人员还是政府官员等都对不透水面引起的相关城市环境问题表示了关注。不透水面的增加会影响地表径流，导致城市径流的数量、持续时间以及强度的增加，从而导致急流、洪水加剧。不透水面的增加还直接影响着排水区域的水质量，主要表现在非点源污染的传播，包括有毒污染物等随着水流进入河流，从而改变流域水文和水栖范围的环境以及生境状况[23]。再者，不透水面的时空动态还会影响城市气候，改变城市表面温度，是影响城市热岛的重要因子[24]。准确有效地进行城市不透水面空间制图，可以为政策制定者和城市管理者提供参考，用于城市环境管理（水质量评估、降雨量管理）、城市规划（建筑基础设施建设、可持续城市发展规划）。还可对研究城市发展带来的能源消耗、人口聚集、生态平衡和气候变化等问题提供更好的解决方案，为城市规划、城市资源管理、城市灾害风险评价服务。

不仅政府间气候变化专门委员会（IPCC）、美国国家气候评估中心等迫切需要全球尺度不透水面信息作为重要参考依据，目前国际科学理事会（ICSU）发起的最近十年的国际研究计划——未来地球也越来越重视这一数据的变化，该计划囊括了国际生物多样性计划、国际岩石-生物圈计划（IGBP）、国际全球环境变化人文因素计划（IHDP）和世界气候研究计划（WCRP）四个全球环境变化的国际组织。未来地球计划被视为集合了上述四个全球环境变化项目形成的一个统一框架，共同开创以解决可持续发展问题为导向的研究，同时也旨在为政策决策者提供及时而有效的决策参考信息[8]。目前全球化可持续发展研究计划（SDGs）仍旧缺乏关于全球尺度内城市地区不透水面和其时空变化的信息。例如，研究基础设施和空间规划如何能减少温室气体排放，重要的是要描述城市间建筑环境的变化，尤其是那些可能影响能源消耗的因素，如城市形式和结构，即不同的不透水面密度和布局如何影响能源使用等问题。解决上述问题将有助于发现潜在的缓解城市气候变化方法，减少极端气候、全球变暖等对人类的影响，实现城市的可持续发展目标。

1.2 不透水面制图国内外研究进展

1.2.1 不透水面制图的研究现状

全球范围内的土地利用变化已使得地表在过去的几十年里发生了显著变化，其最重要的特征之一就是城市建成区逐渐取代以植被为主的自然景观。而城市建成区则主要是由各种不透水建筑材料所覆盖的表面，包括路面、屋顶、停车场和广场。由于不透水面会阻止水体的下渗，阻断自然地表的蒸散作用，带来城市表面的面源污染，并由此给全球的生态环境带来负面影响。高密度的不透水面比率的城市地表由于地表热平衡受到破坏使得夏季增温现象明显，城市产生严重的热岛效应，还会导致暴雨时城市地表径流量增大，导致城市内涝[1]。除此之外，不透水面的广泛存在也影响了城市生物多样性，破坏了自然生态系统。因此，及时掌握不透水面分布信息，准确量化地表不透水面比例，对于保护生态环境具有重要的意义。

不透水面是定量评价城市发展、城市生态学以及城市环境等前沿领域研究的重要数据，广泛地应用于城市土地利用分类[21]、居住人口的评估[25]、城市土地利用规划以及城市环境，特别是水环境面源污染以及径流影响方面[26]。因此，实时、精准地获取地表不透水面信息成为当前面临的重要科学问题。遥感数据源方面，主要有高分辨率的 QuickBird、IKONOS 用于小区域不透水面制图研究。中分辨率遥感方面，则主要是 Landsat 系列卫星用于中等尺度或特定城市的不透水面制图[27]。低分辨率的 MODIS、DMSP-OLS 数据用于大尺度区域性甚至全球性问题的研究。研究方法方面，科学家们发展了大量的不同尺度不透水面的遥感反演技术，包括传统的遥感分类方法、基于回归的方法、多元回归算法和机器学习语言等，并在各领域开展应用。

目前，许多基于地面测量或遥感图像处理的技术已被应用于表征和量化城市不透水面。最初的主要方法是地面调查，如基于 GPS 等设备进行实地调查，虽然费用昂贵且耗时，但可以获得不透水面的精确信息。数字化的硬拷贝地图或遥感图像（特别是航空照片）也可用于不透水面制图，并且基于航空影像的处理技术越来越多地涉及自动化处理方法，如扫描和使用特征提取算法。20 世纪 70—80 年代，航空摄影开始在自然资源和环境研究中普及应用，是估算和绘制不透水表面的遥感数据的主要来源[2,23]。航空影像用于不透水面的解译、光谱分析和建模分析。Brabec 等人（2002 年）在回顾不透水面制图方法时，确定了航空影像应用不透水面制图的四种不同方法，即使用求积仪在航空摄影上测量不透水面、在航空摄影上计算覆盖网格上的交点数量、进行图像分类以及通过一个地区的城市化百分比估算不透水面覆盖度[23]。既有文献检索表明，在 20 世纪 90 年代，有关不透水面遥感制图的出版物数量有限[28]。这在很大程度上是由于适合探测和估计不透水面的各种类型传感器较为缺乏、数字图像处理技术并不成熟以及计算机有限的处理能力。进入 21 世纪后，不透水面遥感正迅速引起遥感界的兴趣。关于该主题的年度出版物和引文呈指数级增长。2001 年至 2010 年期间，不透水表面遥感的年平均引文数（每篇文章每年引文数）为 0.82，而同期整个遥感领域的年引文数为 0.55。这种比较表明，不透水面遥感已成为遥感研究中最具活力的领域之一。几乎世界上所有主要遥感期刊都发表了关于这一主题的文章。有几个因素促成了文献的增长及其影响力的增加。①高分辨率遥感影像的出现，特别是分辨率小于 5 米的影像；②遥感图像处理技术的不断进步；③出于对全球环境变化、社会发展等问题的关注度不断提高，对不透水面的需求也越来越迫切；④随着计算机和互联网技术的发展，不透水面增加的负面影响也越来越被大众认知，许多政府机构和非政府组织已开始收集和绘制用于市政工程和环境保护的不透水面数据。这些方面的进展都推动了不透水面遥感制图的快速发展[28]。

在处理技术方法方面，主要方法包括基于像素的方法（图像分类、回归等）、基于亚像素的方法（线性光谱分解、各种指数等）、面向对象的算法和人工神经网络。同时，图像融合、专家系统和上下文分类方法等技术也已经被大量应用。大多数研究工作都是基于不同空间分辨率制作各种比例的城市景观图。城市遥感中的模型、方法和图像分析算法已经针对中等分辨率（10 ~ 100 m）的图像进行了大量的开发。高空间分辨率卫星图像、星载高光谱图像和激光雷达数据的出现正在激发新的研究思路，并以新的模型和算法推动未来的研究趋势。

1.2.2 夜间灯光遥感不透水面制图变量概况

夜间灯光遥感的兴起为研究全球城市化提供了全新的角度[29]。夜光遥感数据与传统可见光遥感数据探测白天地物电磁波辐射的特性不同，具有在夜间探测地表发出的城市灯光、自然界火光等光源强度的能力。夜光遥感数据结合了传统遥感数据大尺度、多时相的特性，同时具有能直观表征人类活动强度的独特优点。近 20 年来，夜光遥感数据被广泛应用于城市相关领域研究，如全球城市制图[30,31]，社会、经济、环境参数估算[32-35]等。

随着经济社会发展，人们已经不满足白天的生产生活方式，而夜间照明设施的发展则大大延长了人们的生活和工作时间，人类已经逐步摆脱了黑暗的夜间生活。夜间从太空观测地球时，可以发现人类生活区和生产区发出的光照。而夜间遥感卫星是捕获夜间灯光信息的一种新型的可见光遥感方式，可以监测夜间人类的生活状况[36,37]。夜光遥感数据是人类活动综合信息的直观表征，涵盖了交通、人口、土地利用、经济和重大事件的发生等相关信息，因此是从宏观尺度上研究城市与人类活动的理想手段。20 世纪 70 年代末美国发射了军事气象卫星计划搭载的线性扫描系统（Defense Metrological Satellite Program Operational LineScan System，DMSP-OLS）。2011 年 4 月，美国国家航空和宇宙航行局（NASA）发射了 Suomi-NPP 卫星，其搭载的可见光红外辐射成像仪（Visible Infrared Imaging Radiometer，VIIRS）具有比 DMSP-OLS 更先进的探测夜光的能力[38]。目前城市不透水面制图使用较多的夜间灯光卫星数据有 DMSP-OLS 和 VIIRS-DNB 两种，珞珈一号由于发射较晚，且运行周期只有半年时间，所以相关研究内容并不多，但相对于前两者来说，其空间分辨率已得到较大提升（130m）[39,40]。除此之外，其他的夜光遥感数据源还包括吉林一号（JL1-3B）[41]，SDGsat[42]等。

DMSP-OLS 数据被大量用于人为和自然发生的火灾监测、城市发展评估等[43]。并且已经有许多基于 DMSP-OLS 数据的不透水面研究。按照与 DMSP-OLS 数据相关的大尺度不透水面制图的数据源进行分类，目前主要分为单变量 DMSP-OLS，DMSP-OLS 和非遥感辅助数据相结合变量，DMSP-OLS 和低分辨率遥感影像相结合变量。VIIRS-DNB 数据相对于 DMSOP-OLS 数据有较多的优点，已经有大量研究尝试 VIIRS-DNB 数据与低分辨率遥感数据相结合的变量进行大尺度不透水面制图。

（1）DMSP-OLS

DMSP-OLS 夜间灯光数据产品最初主要是照片，1992 年美国空军和 NOAA 联合在美国国家地理数据中心（National Geophysical Data Center，NGDC）建立了数字格式的文档，从此 DMSP-OLS 数据开始有数字产品[44]。目前该种数据已获得了三种类型的数字灯光图像产品，分别为非辐射定标夜间平均灯光强度图像、辐射定标夜间平均灯光强度图像以及稳定灯光图像。

基于单一 DMSP-OLS 变量进行不透水面制图已有许多研究。Imhoff 等基于单一 DSMP-OLS 数据研究了夜间灯光数据中城市建成区光斑的空间形态特性，提出在逐渐增加分割阈值的过程中，以城市斑块周长大幅度变化的临界点进行城市区域的提取[45]。Henderson 等通过对同一 DMSP-OLS 数据用于不同的研究区域得出只有不同的阈值才适用于大尺度的城市不透水面制图[22]。此外，由于 DMSP-OLS 的长时间序列对地观测的特点，还有很多研究用于城市不透水面变化监测的研究中。在对不透水面制图和城市变化监测应用当中，一般是基于不同时相的稳定 DMSP-OLS 数据用于城市不透水面的动态监测和动态变化。如 Zhang 等通过对印度、中国、美国和日本 1992—2008 年的夜间灯光数据进行非监督分类进行区域性的城市变化监测，并用已有的人口、土地利用和土地覆盖数据作为检验上述多时相夜间灯光数据的依据[31]。考虑到不同传感器之间的定标问题，Liu 等发展了一种系统自校正方法，使用 1992—2008 年的多传感器夜间灯光数据，快速提取了中国城市不透水面扩张的动态变化[46]。

但是 6 比特的 DMSP-OLS 数据（DN 值范围 0~63）由于量化级别较低，在城市核心区域经常产生数据饱和现象，从而很难分离不同的地物覆盖类型[47]。由于不同的经济社会发展水平、能源供应和消耗，人口分布等影响，相同的 DN 值在 DMSP-OLS 不同像素的不透水面分布比例有可能会有显著不同。此外，不同发展类型的城市灯光强度也有所不同[44,48]。受上述因素影响，基于单一 DMSP-OLS 的变量选择用于大尺度不透水面制图，虽然简单易行，但精度不高，也不能真实反映城市的空间特征。单变量的DMSP-OLS很容易遗漏小城镇和村庄的不透水面，并且由于量化级别较低产生的饱和现象，对城市核心区的不透水面密度估计精度不高。

（2）DMSP-OLS和非遥感辅助数据相结合变量

夜间灯光数据是人类活动的表征，因此适合大尺度或全球化的不透水面制图研究。现有基于DMSP-OLS数据的不透水面研究，除了单变量数据外，还用到了大量与夜间灯光数据密切相关的人口、土地和能源消耗等相关的辅助数据。辅助数据通常是指已有的统计数据，如土地覆盖/分类，人口调查数据，最常用的辅助数据主要有人口统计调查数据[49]。这些辅助数据一般有两种用法，一是用来确定DMSP-OLS提取不透水面的最佳阈值；二是用于对比或回归分析，验证DMSP-OLS数据获取的不透水面准确性。Sutton等在对DMSP-OLS夜间灯光数据和人口分布数据对比分析后，提出以40%、80%和90%的阈值，分别提取低收入地区、高收入地区和一些特殊地区的城市建成区[50]；Milesi等以美国国家土地覆盖数据集和人口普查数据为辅助资料，获取提取城市空间的最佳阈值，研究城市扩展对植被初级净生产力影响[51]。国内有学者使用DMSP-OLS和辅助数据对区域的城市化过程进行了研究，何春阳（2006）等利用DMSP-OLS数据和省级统计数据提取城市区域，进而分析了20世纪90年代环渤海城市群的空间模式特征和区域城市化过程特征[9]。陈晋等（2003）以DMSP-OLS夜间灯光数据为基础，将区域夜间灯光分布的平均灯光强度及面积属性线性加权，构建区域城市化水平相加灯光指数计算城市化水平复合指标，分析其与省级尺度上相加灯光指数相关性，建立回归模型[52]。

相比于单一灯光数据，DMSP-OLS和非遥感辅助数据相结合的方式精度有所提高，一方面能更好地确定灯光数据的阈值，另一方面可以对提取之后的不透水面进行验证。不足的是，统计数据往往来源于不同部门，采用的收集方式各异，时间也不尽相同，并且统计数据获取用时较长，将统计数据一起来非常困难。

（3）DMSP-OLS 和其他低分辨率遥感影像相结合变量

低分辨遥感数据不论是 DMSP-OLS 还是诸如 MODIS、SPOT、AVHRR 等数据，作为单变量用于不透水面制图时，精度往往都会受到限制。这主要是由于 DMSP-OLS 数据分辨率较低、量化范围较小而产生的空间溢出效应和数据饱和问题，制约了制图精度。低分辨率遥感影像数据对于城区材质的复杂性和土地覆盖类型光谱特征混合性等，不能很好地区分不透水面，其制图精度往往受限。但是低分辨率遥感影像作为大尺度不透水面制图的重要数据源，可以与 DMSP-OLS 数据结合使用，往往能取得比单一遥感数据更好的结果[53]。尤其是城区土地覆盖类型中的植被分布与城区空间密切相关，因此含有植被特征的低分辨率遥感影像即植被指数可与夜间灯光结合，用于估算城市不透水面[54]。

Lu 等分析了灯光数据和 MODIS 数据的优缺点，采用 DMSP-OLS 结合 MODIS NDVI 数据的方法，得出了比单一的 DMSP-OLS 变量或 MODIS NDVI 变量更为精确的城市不透水面分布[53]。也有一些研究通过 DMSP-OLS 数据和其他低分辨植被指数结合的方式用于不透水面制图和经济社会因子分析，如 SPOT-VGT 与 DMSP-OLS 结合也得到了较好的大尺度不透水面制图结果[55-57]。Ma 等在进行多时相不透水面监测变化研究中分别使用了 AVHRR 和 MODIS 数据与 DMSP-OLS 数据相结合的方式得到了中国城市不透水面不断扩张的发展过程[58]。Kuang 等使用 MODIS NDVI 和 DMSP-OLS 数据，通过结合高分辨率的中国土地利用和土地覆盖数据进行回归分析，提高了中国区域大尺度不透水面制图的精度，并且分析不透水面时空模式和变化对地表水环境流域规模的影响[7]。Zhang 等利用 DMSP-OLS 和多时相的 MODIS NDVI 数据相结合的方式，提出一种自适应参数 VANUI，使用 VANUI 显著地减少了 DMSP-OLS 数据的饱和现象，并且对于夜间灯光数据溢出现象有较好的抑制[8]。卓莉（2015）通过采用 EVI 数据去除 DMSP-OLS 数据饱和的方法，进行了植被指数和夜间灯光数据之间融合变量的尝试[59]。

低分辨率遥感影响的植被指数产品中，非植被陆地覆盖如裸土、水体和人类居住区具有相似的灰度值，再加之由于组成城市地物的复杂性和低分辨率图像中存在的混合像元等问题，尤其对干旱半干旱等植被覆盖较少的区域城市，单一植被指数并不能很好地适应于大尺度的不透水面测图。而通过结合了 DMSP-OLS 的融合变量可以很好地解决上述问题，一方面灯光数据代表城市等人工建成区，可以将研究区“锁定”，用来突出城市不透水面信息，使之与非城区的土地覆盖类型如森林、植被和水体区分开来；另一方面，含有植被特征的低分辨率遥感数据可以进行反运算，两者的结合共同突出城区不透水面区域，还可以去除灯光数据的溢出问题。所以灯光数据和低分辨率遥感影像的植被指数成为互补，成为大尺度不透水面快速制图的最佳变量选择。

更多关于低分辨率遥感影像以及融合影像用于大尺度不透水面制图的相关研究如表 1.1 所示。

表 1.1　大尺度不透水面主要变量及参考文献

数据变量	分辨率	方法	参考文献
DMSP-OLS	1 000 m	阈值，线性回归，聚类分析	Imhoff et al.1997; Henderson et al. 2003; L.Imhoff et al. 1997; Liu et al. 2012; Ma et al. 2015; Small et al. 2005; Sutton. 2003;Wei et al. 2014; Xu et al. 2014; Yu et al. 2014; Zhang and Seto 2011; Zhou et al. 2014; Zhou et al. 2015[22,30,31,45,46,48,50,60-65]
MODIS	1 000 m, 500 m, 250 m	SMA，随机森林，决策树，监督分类	Deng and Wu 2013; Friedl et al. 2002; Knight and Voth 2011; Mertes et al. 2015; Schneider et al. 2009; Schneider et al. 2010; Yang et al. 2012[66-72]
DMSP-OLS 和 MODIS	1 000 m	线性回归，多元回归，决策树分类	Lu et al. 2008; Ma et al. 2014; Matsuoka et al. 2007; Shao and Liu 2014; Zhang et al. 2013; Zhang et al. 2015; Guo et al.2017[8,30,53,73-76]

续表

数据变量	分辨率	方法	参考文献
DMSP-OLS 和 SPOT VGT	1 000 m	SVM 分类	Cao et al. 2009; Pandey et al. 2013; Yang et al. 2013[55-57]
DMSP-OLS 和 AVHRR	1 000 m	线性回归	Ma et al. 2014b[73]
DMSP-OLS 和人口数据	1 000 m	线性回归，多元回归	Hao et al. 2015; Ma et al. 2012; Sutton et al. 1997; Sutton 2003; Sutton et al. 2011[36,49,50,77,78]

（4）VIIRS-DNB

Visible Infrared Imaging Radiometer（VIIRS）可见光红外成像辐射仪是搭载于 NASA 和 NOAA 国家极地轨道伙伴计划多光谱卫星传感器，发射于 2011 年 4 月。作为一种扫描式成像辐射仪，可收集陆地、大气、冰层和海洋在可见光和红外波段的辐射图像。它是高分辨率辐射仪 AVHRR 和地球观测系列中分辨率成像光谱仪 MODIS 系列的拓展和改进。VIIRS 数据可用来测量云量和气溶胶特性、海洋水色、海洋和陆地表面温度、海冰运动和温度、火灾、和地球反照率。VIIRS 有 22 个光谱波段（0.3~14 μm），其中可见光、近红外 9 个（0.4~0.9 μm）；短、中波红外 8 个（1~4 μm）；热红外 4 个（8~12 μm）；1 个低照度条件下的可见光通道。VIIRS 传感器数据与 DMSP 传感器数据有着相同的幅宽（3 000 km）但是却具有更高的空间分辨率（375 m 和 750 m）。更引人瞩目的是，VIIRS 有一个光谱范围为 0.5~0.9 μm 的白天/夜间模式的波段（Day/Night Band，DNB），对低亮度的与人类活动有关的可见光有极强的放大能力，能观测到无月光背景的夜间城市，渔船和天然气火光[79-81]。因此，相比较 DMSP-OLS，从 VIIRS-DNB 获取的夜间灯光信号可以提供更加丰富的有关人类居住和经济活动的信息[82,83]。

VIIRS 传感器的 Day/Night Band（DNB）为新一代、具有全球覆盖能力的夜光遥感数据。与 DMSP-OLS 相比，VIIRS 在数据质量上有明显提升[38,84]。具体而言，VIIRS 数据具有更高的空间、时间分辨率，更大的辐射量化位数，更好的微弱光源探测能力以及具有在轨辐射校正系统。VIIRS数据先后经由 NOAA 和 NASA 两个部门进行数据生产和发布，生产了具有不同时间分辨率和质量的 VIIRS 数据。其中 NOAA 生产的 Version1 VIIRS 月度合成数据是目前数据最全、应用最广泛的 VIIRS 数据集[85]。

1.2.3 夜间灯光用于不透水面制图方法介绍

基于夜间灯光数据的不透水面制图，由于其数据变量选择的不同，研究方法选择也不尽相同[86]。目前主要分为三种方法，即阈值法、线性和多元回归分析法、非参数方法[87]。阈值法是使用最早，也是较为常用的方法[22,45,50]。回归分析法通过建立夜间灯光数据和其他经济社会人口变量与不透水面的联系，在大尺度的不透水面分布制图中应用较为广泛[53,78,88]。非参数方法是最近几年发展起来的机器学习方法，由于带有半自动化特点并且回归精度较高，是目前大尺度不透水面制图的热点之一[30,55-57]。

（1）阈值法

阈值法分为直接阈值法和间接阈值法。直接阈值法是研究者根据经验设定的，一般是设定阈值大于一定灯光强度阈值的像元划分为城市不透水面[60]。这种做法的挑战在于如何确定合适的阈值。另一种间接阈值法基本思路是利用相关辅助数据，如人口统计数据、土地利用/土地覆盖统计数据等来帮助确定最佳阈值，进而从夜间灯光数据中提取城市不透水面，但是目前还没有通用的方法用来指导确定合适的阈值[89]。

阈值法是根据前人的研究并结合自身的相关背景知识所确定的，因此这种方法在所有方法中是最为便捷，比较易于实现。Imhoff 等使用的阈值为 89%估算了美国陆地的不透水面面积，总体而言对于美国本土这个阈值适用的，但是对于其他国家不同的城市却并不适用[60]。Imhoff 等随后提出基于城镇的边界应为完整多边形这一假设，以多边形发生突变的点作为阈值提取不透水面信息，但是此方法仍旧忽略了城镇发展的区域差异性，理论上并非所有的城镇都只有一个中心城区，因此该方法没有考虑城市之间的差异，故不适用于区域或全球大尺度条件下城市不透水面的提取[45]。Sutton 采用经验阈值方法对 DMSP-OLS 数据进行处理，通过研究城市边缘距离来提取城市不透水面，进一步建立人口密度模型[49]。Amaral 等用 30% 作为阈值将巴西亚马逊地区 DMSP-OLS 图像分为有灯光的居民区和无夜间灯光的黑暗背景[90]。Milesi 等在对美国阿拉巴马、佛罗里达、佐治亚和密西西比等地区的城市区域进行研究之后，认为 DMSP-OLS 的值设定为 50 作为分割阈值具有更高的精度[91]。

虽然单一阈值法操作简单，但是主观性比较强，加之城市能源的供应和消耗方式、经济发展水平、城区人口密度在区域或者是全球尺度的不同，会导致反映到 DMSP-OLS 图像上灰度值的不同[48]。这就会使阈值设定过低不能完全去除背景噪声，阈值设定过高又会损失灯光像元，造成较小城镇和村庄的不透水面数据丢失。因此，用一个统一的阈值运用到所有的大尺度不透水面研究显然不合适。后来研究人员开始使用多阈值的方法代替单一阈值法估算不透水面。比如 Lawrence 将埃及的城市分为三个不同的城市发展水平，采用三种阈值区分三种等级的不透水面密度，如城区（>94%）、郊区（8%~94%）、无人居住区（<8%）[92]。也有将上述城市按不同阈值定义，如美国气候历史学网站所公布的数据，主要是依据美国的城市发展情况将上述三种发展水平分为城区（>89%），城市乡村结合处（25%~88%）和乡村（<24%）[93]。根据经济发展水平的不同，Henderson 等用 DMSP-OLS 稳定灯光图像和辐射定标灯光图像两种数据提取城市空间信息，最终确定 DMSP-OLS 的稳定灯光图像在旧金山城区不透水面的最佳阈值 92%，中国北京城区不透水面的最佳阈值为 97%，拉萨为 88%[22]。分别提取了旧金山、北京、拉萨等经济发展水平不同的城市的边界，并以 Landsat TM 遥感影像提取的城市边界作为参考数据进行精度评价，说明 DMSP-OLS 稳定灯光图像和辐射定标灯光图像均可作为城市扩展监测的有效数据源，并且多阈值方法应用于不同区域提取不透水面精度更高。

目前主要的问题是，直接阈值法是根据经验将大于一定灯光强度阈值的像元归纳为城市中心城区范围，这种方法在所有方法中是最为便捷，且易于操作，但是主观性比较强，在大时空尺度条件下，经验阈值方法通常不具备通用性。阈值设定过低不能完全去除背景噪声，阈值设定过高又会损失灯光像元，造成一些村镇等区域信息的丢失。多阈值法虽然具有更高的提取精度，但是对于大尺度不透水面制图研究来说，对每个城市设定一个合理阈值又是不切实际的，影响了大尺度快速精确制图的效率。

（2）线性回归和多元回归方法

大尺度的不透水面制图往往因方法不同，结果相差很大[71]。回归分析作为确定两种或两种以上变量间相互依赖的定量关系的一种统计分析方法，在 DMSP-OLS 数据用于大尺度不透水面制图的研究中已经得到了广泛应用[43,48,50,94]。DMSP-OLS 数据进行大尺度不透水面制图的回归分析方法，主要是建立与中高空间分辨率遥感影像提取的较为精确的不透水面之间的回归关系，常用的中高分辨率遥感数据以 Landsat TM 数据、SPOT 数据和 Google Earth 提供的数据为代表，利用上述中高分辨率遥感数据提取出不透水面面积作为参考数据。也可以通过建立经济社会发展因子和人口数据与 DMSP-OLS 数据之间的关系，定量计算出不透水面面积。由于获取非遥感的统计数据需要较长周期，研究者往往选用部分地区的中高分辨率遥感数据提取出不透水面与 DMSP-OLS 低分辨率遥感数据建立回归关系，进行大尺度不透水面制图[22,53]。Elvidge 等发展了一个基于 DMSP-OLS 全球不透水面模型，其参考数据来自于 USGS 提供的基于 Landsat TM30m 分辨率遥感影像，其中 Landscan 数据和经过辐射校正的夜间灯光数据 DMSP-OLS 作为模型的自变量，通过建立多元线性回归方程来估计城市建成区不透水面密度[94]。Henderson 等认为在世界上的大多数地方，很难精确地用传统统计方法量化城市化增长的速度。即使在城市化程度较高的美国和欧洲，对那些城市化发展没有连成一片的分散不透水面区域也不能总是包含在正式的统计数据所公布的城市实体里，并且统计数据一般耗时较长，十年时间间隔的统计数据用来监测城市化的进程显然是不充分的。因此他们选用时间相近的 Landsat TM 遥感影像提取不透水面作为参考数据，建立与低分辨遥感影像 DMSP-OLS 之间的关系，从 DMSP-OLS 稳定灯光图像和辐射标定灯光图像两种数据产品中提取了较为准确的城市空间信息[22]。Lu 等提出了基于 DMSP 和 MODIS NDVI 的不透水面估计方法，通过时相相近的 Landsat TM 多光谱影像数据提取出研究区样地城市的不透水面面积作为参考数据，建立与低分辨率 DMSP-OLS 数据之间的回归关系，并且从参考数据当中选取部分验证数据用于验证城市建成区不透水面的制图精度，该种方法对于不透水面的估算向定量化的方向上迈进了一大步[53]。这种方法以遥感探测技术和图像处理为准则，而不是人为判断估算阈值，具有客观性和可操作性。

（3）机器学习语言方法

机器学习语言属于非参数的统计方法，非参数方法是数理统计学的一个分支，一般说来非参数统计方法所要求的计算与阈值法、线性回归和多元回归分析相比，具有高效、精确、半自动化的特点。BP-ANN 和 SVM 都属于非参数方法，目前已经有许多基于 DMSP-OLS 数据变量的大尺度制图使用 SVM 分类方法，如 Cao 等提出了一种基于 SVM 分类的区域增长算法，该研究以 DMSP-OLS 和 SPOT NDVI 数据为数据源，半自动提取城市地区[55]。研究中 SVM 训练集通过几个简单的标准选择城市不透水面和非城市不透水面样点，通过区域增长的迭代分类和训练过程不断地识别城市不透水面和非不透水面。通过对比传统阈值法，SVM 分类方法具有更好的分类效果，能保证更加详细地刻画城市不透水面的空间分布特征。紧随其后，Yang 等以 DMSP-OLS 和 SPOT VGT 作为输入变量，用 SVM 方法获取了 2008 年中国地区的不透水面制图结果，与中国地区的统计数据对比，得出 OA 精度为 90%，kappa 为 0.69，证明用 SVM 方法能较为精确地进行区域城市不透水面制图[57]。Pandey 等用 SVM 半自动方法，提取了印度的城市不透水面信息，数据输入变量也是选择 DMSP-OLS 和 SPOT VGT，并通过计算的城区不透水面面积，建立了城市人口和 GDP 之间的联系[56]。相关的 DMSP-OLS 灯光数据用于大尺度不透水面制图方法优缺点和参考文献总结如表 1.2 所示。

表 1.2　大尺度不透水面制图方法的优缺点比较

方法分类	主要特点	优点	缺点	主要参考文献
基于设定阈值的方法	通过参考数据或者直接设定阈值，主观性较强	便于操作，可以快速得到结果	很难选择一个恰当的阈值代表所有的不透水面和非不透水面。结果会因研究人员的不同而不同，容易漏掉较小的不透水面区域，体现不出空间细节分布	Imhoff et al., 1997a; Henderson et al., 2003; Owen et al., 1998; Sutton. 1997 [22,49,60,93]
线性回归或多元线性回归	建立参考数据和低分辨率遥感数据之间的定量关系，线性或者多元都可以得到不透水密度分布数据，即回归结果是实数	简单快速，较好的解决数据饱和问题，体现不透水空间分布信息	虽然精度较高，但是相比于机器学习语言还有差距，样本选择很重要，如果选择不好会影响估计结果	Small et al., 2005; Lu et al., 2008; Elvidge et al., 2007[48,53,94]
非参数估计	选定样本后自动进行运算，直到得到满意的结果运算自动停止，分为分类和回归方法	半自动，精度较高，人为干预少，不需要太多条件假设	选取样本非常重要，提出要求较高，由于计算的复杂性，一般计算时间较长	Cao et al., 2009, Pandey et al., 2013; Yang et al., 2013[55-57]

1.3　本书主要研究内容

本书主要以夜间灯光数据、植被数据和中高分辨遥感影像为数据源研究大尺度不透水面制图，研究采用单变量夜间灯光数据、夜间灯光与植被数据的融合变量等不同形式对城市不透水面进行提取，以期提高大尺度不透水面制图精度。另外探索新的不透水面提取方法，通过变量与方法的组合进行大尺度不透水面制图，并对比分析了各种变量和方法的优缺点。本书还探索了非参数的机器学习语言的运用，并对比相应的机器学习算法。本书的研究可用于描述城市不透水面的时空分布特征，服务于环境监测、水循环建模及城市发展决策等领域。本书的研究内容主要包括以下 4 个方面：

（1）基于单变量夜间灯光数据的不透水面制图

由于干旱/半干旱地区脆弱的生态状况，绘制该地区的不透水表面（ISA）备受关注。然而，在干旱/半干旱景观中使用遥感数据进行 ISA 制图仍然非常困难，因为 ISA 的组成部分非常复杂，例如裸露的土壤、不透水的表面区域和稀疏的植被覆盖。在大多数情况下，它们的光谱特征难以区分。Suomi 国家极地轨道伙伴关系（SNPP）开展的具有昼夜波段的可见红外成像辐射计套件（VIIRS-DNB）专注于地球夜间灯光信息，为绘制城市信息提供了新的方法。本章内容是在 VIIRS-DNB 数据的基础上探索了一种新的指数，称为改进的不透水面指数（Improved Impervious Surface Index，IISI），并在干旱/半干旱城市地区使用线性回归模型进行不透水面密度制图。基于 VIIRS-DNB 数据的 IISI 指数被用作自变量，而从 Landsat 卫星图像提取的参考 ISA 被用作该模型中的因变量。本研究采用相关系数（R^2）、残差分析、均方根误差（RMSE）和相对均方根误差（RMSEr）作为精度评价指标。结果表明，基于 IISI 的模型具有良好的估计性能，R^2 为 0.70，比使用归一化 VIIRS-DNB 数据的模型具有更高的精度。该方法对于干旱/半干旱地区的 ISA 密度制图非常有意义。

（2）联合夜间灯光与植被指数的不透水面制图

低分辨遥感数据不论是夜光数据 DMSP-OLS 和 VIIRS-DNB，抑或是其他如 MODIS、SPOT、AVHRR 等数据，作为单变量用于不透水面制图时，精度往往都会受到限制。这主要是 DMSP-OLS 数据由于分辨率较低、量化级别较低会产生溢出和饱和问题，制约了制图精度；VIIRS-DNB 量化级别虽然大幅改善，分辨率也较 DMSP-OLS 有所提高，但背景噪声和极高值仍然存在，也影响了不透水面制图精度；低分辨率多光谱遥感影像对于城区材质的复杂性和土地覆盖类型光谱特征混合性等，仍然不能很好地区分不透水面，因此很难直接被用来进行不透水面精确制图。作为大尺度不透水面制图的重要数据源，多光谱遥感影像可以与夜间灯光数据结合使用，往往能取得比单一遥感数据更好的结果。尤其是城区土地覆盖类型中的植被分布与城区空间密切相关，因此含有植被特征的低分辨率遥感影像即植被指数可与夜间灯光数据结合使用，进行不透水面的精确制图。

（3）夜间灯光用于不透水面制图的变量对比分析

DMSP-OLS 数据经常被用来进行大尺度不透水面制图，主要是基于灯光数据包含与城市不透水面有关的指示信息，但是其较低的空间分辨率和较低的动态变化范围以及饱和现象和在城市周边的外溢现象等，都制约了大尺度不透水面制图的精度。VIIRS-DNB 具有较高的空间分辨率和数据动态变化范围，为研究夜间城市灯光信息提供了一种新的视角，但是较少被用于大尺度城市不透水面研究。针对夜间灯光数据 VIIRS-DNB，主要根据其数据特点，对数据进行预处理，产生新的可用于大尺度不透水面制图的新变量。

虽然 DMSP-OLS 和 VIIRS-DNB 数据各有特点，为了分析其数据特性，分析不同数据在不同地物覆盖类型和不同城市不透水面类型的表现，为大尺度不透水面制图选取合适的变量，有必要对上述两种夜间灯光数据进行对比分析研究。在研究中，分析了 DMSP-OLS，MODIS NDVI 和 VIIRS-DNB 三种低分辨率遥感数据的特点，并将三种数据用于不同的研究区域来进行不透水面制图研究。用来证明新的 VIIRS-DNB 是非常具有大尺度不透水面制图潜力的数据变量。除此之外，之前的研究已经分别基于 DMSP-OLS 和 MODIS NDVI 数据的结合变量以及 VIIRS-DNB 和 MODIS NDVI 数据的结合变量分别进行了研究，证明融合了低分辨率的夜间灯光数据和更高分辨率的植被数据的合成变量比单变量夜间灯光数据或者植被指数具有更好的不透水面估计精度和空间分布格局。基于 DMSP-OLS 和 MODIS 数据的融合变量 VANUI 在大尺度不透水面制图中已经有较多应用，因此将本章提出的以 VIIRS-DNB 和更高分辨率 MODIS 数据结合产生的新融合变量 LISI 和 VANUI 进行对比研究。一方面用来证明两者融合的变量比任何单一变量进行不透水面制图精度更高，空间细节保持更好，另一方面证明本文提出的基于 LISI 的方法是未来大尺度不透水面制图可供推荐的方法。

（4）机器学习算法不透水面回归分析

机器学习语言属于非参数统计学习的方法，可以用于分类也可以进行回归运算。BP-ANN 和 SVM 作为两种常见的机器学习语言，已经应用到很多研究领域。遥感领域则较多利用机器学习语言方法做分类研究。目前已经有上述算法结合低分辨率遥感数据用于不透水面制图，其中就有基于 DMSP-OLS 数据和低分辨率植被数据的不透水面制图使用了 SVM 分类方法。但是利用 BP-ANN 回归和 SVM 回归算法建立夜间灯光数据和高分辨率参考数据关系获取不透水面密度的回归运算则较少涉及。针对目前这种研究现状，本章主要通过对低分辨率遥感影像及其融合变量和高分辨率遥感影像获取的参考数据选取样点，利用 BP-ANN 和 SVM 回归方法获取大尺度不透水面密度，实现不透水面制图的半自动运算。研究中，采用 BP-ANN 回归和 SVM 回归的方法进行不透水面制图，数据源选用 DMSP-OLS，MODIS NDVI，VIIRS-DNB 以及新的融合变量和已有的相互组合的多元变量。机器学习语言回归方法用于不透水面制图基本思路如下：首先，输入从 Landsat OLI 得到的不透水面参考数据；其次，选取回归的函数并调参；再次，输入 MODIS NDVI，DMSO-OLS，VIIRS-DNB 及其融合变量作为自变量；最后，通过不断迭代得到不透水面密度制图结果。

2

PART ONE

基于 VIIRS-DNB 的干旱/半干旱地区不透水面制图

2.1 概述

区域或全球范围的快速城市化带来了严重的环境问题，如生物多样性丧失、气候变化、水污染和城市热岛等，威胁着自然生态系统和人类社会的可持续发展[95-99]。干旱/半干旱地区覆盖了地球的大量的陆地表面，随着城市发展带来的 ISA 的扩展，使该地区生态环境变得尤其脆弱[100]。在这些区域内，大多数人口集中在几个大城市[101]，对该区域 ISA 数据集的监测对于当地的生态保护、人类社会可持续发展和城市规划等具有极其重要的价值，因此获取干旱/半干旱地区的城市不透水面范围及其空间分布至关重要[1,102]。

遥感技术具有大尺度、及时获取地面信息的特点，使得在局部到区域或全球范围内进行不透水面制图更加方便、经济。用于局部不透水表面提取的常用数据通常基于高分辨率数据，如 QuickBird、IKONOS 或 Landsat TM[10,28,103]，但由于成本和人力资源方面的原因，不适用于区域或全球等大规模快速城市化监测。低空间分辨率图像是区域或全球 ISA 制图的良好选择，基于 MODIS 和 DMSP-OLS 数据集的不透水面研究很多。Schneider 等人使用 MODIS 500 m 数据绘制了全球 ISA 分布图[71]。Elvidge 等人利用夜间灯光绘制了建成区不透水面的全球分布和密度图[94]。自从 Lu 等人使用结合夜间光照数据和植被数据（DMSP-OLS 和 MODIS NDVI）的方法绘制植被覆盖良好地区（即中国南部和东部）的 ISA 地图以来[53]，已经有很多研究通过结合使用 DMSP-OLS 和各种植被指数进行不透水面制图，并证实了该方法在提高 ISA 制图精度方面的可靠性和应用前景。

Cao 等人使用 SVM 分类技术对阈值处理过的 DMSP-OLS 和 SPOT VGT 图像作为输入样本数据获得了城市建成区不透水面制图结果[55]。Zhang 等人还使用了 DMSP-OLS 和 MODIS NDVI 数据，提出了 VANUI 指数，该指数与 ISA 分布呈正相关，并已用于 ISA 动态变化监测[8,73,104,105]。Guo 等人提出了一种 NISI 指数，该指数结合 DMSP-OLS 和 250m MODIS NDVI 来提高 ISA 的空间分辨率和制图精度，并在更高分辨率基础上分析了中国的城市 ISA 空间格局[30]。联合使用低分辨率遥感影像进行大尺度 ISA 制图已被证明是可行的。然而较低的空间分辨率数据集 DMSP-OLS（1000m）存在严重的数据饱和、溢出现象和较低的量化级别（0 ~ 63），不能有效地反映 ISA 空间分布细节。因此，具有更高空间分辨率和更大动态范围的新一代夜光遥感数据是大比例尺 ISA 制图的理想选择。

SNNP VIIRS 作为另一种夜间光传感器于 2011 年 10 月发射[106]，该传感器得到的夜间灯光数据没有像素饱和，具有更高的辐射分辨率和更好的几何校准，空间分辨率也比 DMSP-OLS 数据有所提高[38,80]。2013 年初，美国国家地球物理数据中心（NGDC）发布了第一代 VIIRS-DNB 夜间灯光数据。目前，该数据集已广泛应用于电力消耗估算和经济发展评估[33,82,83,107,108]。由于该数据在许多方面优于 DMSP-OLS，且主要集中在具有 ISA 分布的城市地区，因此与社会经济因素密切相关，具有良好的应用前景[109]。夜间灯光数据和植被数据的组合在具有丰富植被覆盖的湿润地区（如中国东南部、中国东部和美国东南部）的 ISA 制图中表现良好[53,104,105]。但这些方法在干旱/半干旱地区仍然较差，因为该地区存在夜间灯光的外溢现象、植被覆盖较少、周围裸露的土壤和复杂的城市景观等因素[110,111]，使得在城市地区和郊区之间精确绘制 ISA 地图变得十分困难[109]。

由于干旱/半干旱地区的土壤和城市区域像素混合，因此选择合适的变量（基于 VIIRS-DNB）和良好的回归方法来获得高精度 ISA 空间分布并改进郊区 ISA 制图仍然具有挑战性。因此，本文的目标是基于年度的 VIIRS-DNB 数据发展一个指数，以减少夜间灯光数据的溢出现象，用来区分 ISA 和非 ISA，以提高干旱/半干旱地区的 ISA 制图精度。然后选择线性回归方法，以指数和从 Landsat 8 OLI 图像中提取的参考 ISA 为基础建立关系，以获得整个研究区域的估计分数 ISA。最后，我们评估了估计结果的准确性。

2.2 研究区概述及数据预处理

VIIRS 传感器的 Day/Night Band（DNB）为新一代、具有全球覆盖能力的夜光遥感数据。与 DMSP-OLS 相比，VIIRS-DNB 在数据质量上有明显提升[38,81,84]。具体而言，VIIRS-DNB 数据具有更高的空间、时间分辨率，更大的辐射量化位数，更好的微弱光源探测能力以及在轨辐射校正系统。VIIRS-DNB 数据先后经由 NOAA 和 NASA 两个部门进行数据生产和发布，生产了具有不同时间分辨率和质量的 VIIRS 数据。其中 NOAA 生产的 Version 1 VIIRS-DNB 月度合成数据是目前数据最全、应用最广泛的数据集。表 2.1 列举了各类 DMSP-OLS 和 VIIRS-DNB 数据产品的关键参数。

表 2.1　DMSP-OLS 与 VIIRS-DNB 产品比较

传感器	DMSP-OLS		VIIRS-DNB		
数据集	DMSPst1	DMSPgrc	VIIRS-DNB 每日数据	VIIRS-DNB 月度数据	VIIRS-DNB 年度数据
空间分辨率	30 arc sec	30 arc sec	15 arc sec	15 arc sec	15 arc sec
时间尺度	年	年	天	月	年
量化级别	6 bit	大于 6 bit	14 bit	14 bit	14 bit
探测能力	5E-10	5E-10	2E-11	2E-11	2E-11
是否校正	无	地面校正	在轨校正	在轨校正	在轨校正
过境时间	19:30	19:30	1:30	1:30	1:30
数据来源	NOAA				

自 2000 年以来，中国实施了西部大开发战略，中国的中西部地区在经济和人口方面有了巨大的发展。相应地，城市建成区面积也大大增加[7,112]。但这些地区主要是干旱/半干旱地区，生态环境脆弱，因此及时准确地绘制 ISA 空间分布图对于未来城市科学规划至关重要。本研究选取中国西部六个省（自治区）作为研究区域。这六个省（自治区）为内蒙古、甘肃、西藏、新疆、青海和宁夏，除内蒙古东北部外，大部分省（自治区）位于植被覆盖较少的干旱/半干旱地区。同时，笔者选择了呼和浩特、兰州、拉萨、乌鲁木齐、西宁和银川等省会（首府）城市作为样本研究区域。表 2.2 显示了所有选定的降水量较低且年降雨量不超过 500 mm 的城市，年平均气温低于 10℃。表 2.2 还显示了上述六个城市的人口、地区生产总值和行政区域的详细信息。

表 2.2　2015 年六个样本城市的地区生产总值、人口和总面积说明，年降水量和年平均气温为 1971 年至 2000 年的平均数据

典型城市	呼和浩特	兰州	拉萨	乌鲁木齐	西宁	银川
地区生产总值/百万人民币	309.05	209.60	38.95	263.16	113.16	149.39
人口/百万	2.39	3.22	0.53	2.67	2.01	1.79
行政区面积/km²	17 224	13 086	29 518	14 216	7 649	9 491
年降水量/mm	398	312	427	286	374	286
年均温/℃	6.7	9.7	8.0	7.3	6.1	9.0

研究选择了 VIIRS-DNB 数据、Landsat 8 OLI 数据和 MOD44W 数据。具有中等分辨率（15 弧秒地理网格）的第 1 版夜间灯光 VIIRS-DNB 可以检测城市灯光，甚至小居民发出的低强度灯光[38]。月平均辐亮度合成图像消除了光照、闪电、杂散光、月球等的影响，最终得到无云产品。但是船上的灯光、大火、极光和其他暂时的灯光仍然存在。2017 年 3 月，NGDC 发布了 VIIRS-DNB 数据集的年度复合产品。年度合成不仅是无云版本，而且还删除了受杂散光影响的任何数据。到目前为止，只有 2015 年度产品

可用（网页最后进入时间 2018 年 1 月）。Landsat 8 OLI 图像数据有 11 个波段，本研究仅选择了 7 个反射波段。研究还使用了空间分辨率为 250m 的水膜产品（MOD44W）。Carroll 等介绍了水体掩膜产品数据的详细说明[113]。表 2.3 总结了这些数据集的特征。

表 2.3　研究中用到的数据描述

数据	数据描述	数据来源
VIIRS-DNB	2015 年度产品，年度全球产品覆盖从北纬 75 度到南纬 65 度。产品以 15 弧秒的地理网格生产。	VIIRS-DNB data was downloaded from National Geophysical Data Center (https://ngdc.noaa.gov/eog/viirs/download_dnb_composites.html#NTL_2015;
Landsat 8 OLI imagery	使用了六个空间分辨率为 30m 的多光谱波段。由于其相对粗糙的空间分辨率，没有使用两个具有 100 米空间分辨率的热波段。 所获数据的 path/row 和获取日期如下所示：（143/29: 2015-07-17），（138/39: 2015-11-19），（126/32: 2015-09-12），（129/33: 2015-09-01），（131/35: 2015-06-11），（132/35: 2015-08-21）	Landsat 8 OLI imagery was downloaded from the United States Geological Survey (USGS)(http://earthexplorer.usgs.gov/).
MOD 44W	该产品将 SRTM 水体数据与 MODIS 250m 数据相结合，以 250 米的空间分辨率绘制完整的全球地表水地图。	Global Land Cover Facility (http://glcf.umd.edu/data/watermask/)

2.3　研究方法

本研究所用的方法共分为五个步骤。第一步是数据预处理，主要采用阈值法排除不感兴趣的信息。对于 Landsat 卫星图像，可以有效地排除植被和水体信息，然后采用无监督分类方法提取适当的 ISA。对于 VIIRS-DNB 数据，使用阈值法排除极高值。第二步，基于对数模型的 VIIRS-DNB 生成新变量。第三步，基于 Landsat 卫星图像和两个低分辨率的变量训练数据，使用线性回归方法估计 ISA；第四步，估算结果对比分析和精度评价；第五步，生成经过水体指数掩膜的估计 ISA。ISA 制图的框架如图 2.1 所示。

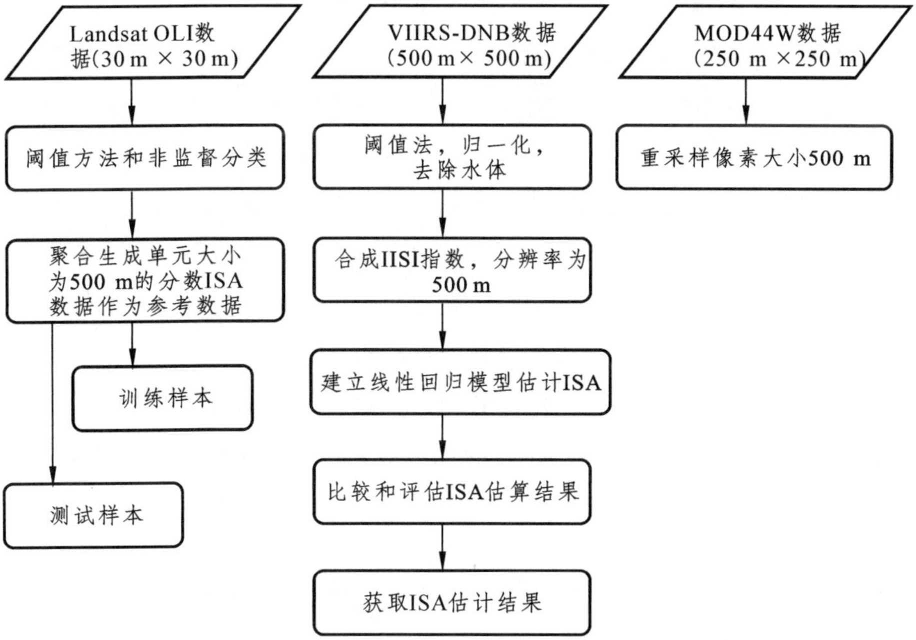

图 2.1 ISA 估算流程图

2.3.1 数据预处理

从 Landsat 8 OLI 图像获取参考不透水面数据，Landsat 8 OLI 图像是 UTM 坐标系，选择了 7 个反射波段，并以 30 m 的空间分辨率重投影到 Albers 投影坐标。然后，我们使用最近邻算法将 Landsat 8 OLI 卫星图像重采样为 25 m×25 m 的像素大小。此外，在处理步骤中，使用 NDVI 和 NDWI 指数采用阈值法排除植被和水体信息。最后，通过对 Google Earth 中的高空间分辨率影像进行光谱分析，将假彩色合成的 Landsat 多光谱影像进行非监督分类，初步分为 100 类，通过不断细化分类最终合并为 ISA 和非 ISA 两类。由于合并后的 ISA 已生成，但其准确性仍需评估，通过将合并后的

ISA 图像叠加在 Landsat 8 OLI 图像上，对其进行目视检查以测试其可靠性或进行进一步改进。在本研究中，VIIRS-DNB 数据的单元大小为 500 m×500 m，为了建立 VIIRS-DNB 与参考 ISA 数据之间的关系，将 Landsat 8 OLI 图像的参考数据降尺度为 500 m×500 m。

VIIRS-DNB 数据为地理坐标（Let/Lon）系统，单元大小为 15 弧秒地理网格，与 Landsat 8 处理过程中一致，将地理系统重新投影到 Albers 投影坐标，并使用最近邻算法将数据重新采样为单元大小 500 m×500 m。来自野火、船只、极光和其他时间灯光的灯光仍然包含在 version1 产品中，年度产品不同于版本 1 的产品，该产品已经进行了进一步的背景噪音消除处理，但仍有一些极高的值，如机场灯、发电厂[58,114]。为了便于 ISA 制图，已经有一些研究使用阈值法去除背景噪声和极高值[33,109,115]。表 2.4 显示在整个研究区域内最大值为 1280.8（$nW \cdot cm^{-2} \cdot sr^{-1}$），样本城市所有核心区域的值均低于 200（$nW \cdot cm^{-2} \cdot sr^{-1}$），因此将最高阈值设定为 200，即整个研究区大于或等于 200 的所有像素值被重新指定为 200。

表 2.4　不同区域的最大值

	研究区最大值	典型城市最大值					
		呼和浩特	兰州	拉萨	乌鲁木齐	西宁	银川
最大值/（$nW \cdot cm^{-2} \cdot sr^{-1}$）	1280.8	130.5	121.5	170.8	179.4	153.0	134.6

此外，参考数据为归一化形式，数据范围为 0~1，为了保持 VIIRS-DNB 图像与参考数据相一致，我们使用公式（2.1）将 VIIRS-DNB 数据处理为归一化形式：

$$DNB_{nor} = \frac{DNB - DNB_{min}}{DNB_{max} - DNB_{min}} \tag{2.1}$$

其中，DNB_{nor} 是 0~1 内的归一化 VIIRS-DNB 图像，DNB_{min} 是最小值，DNB_{max} 是最大值，它们的值分别为 0 和 200。

2.3.2 改进的不透水面指数

现在，有许多基于夜间灯光数据的变量用于大规模 ISA 制图，夜间灯光数据和植被数据的组合是一种常见方式[8,30,53,73,109,116,117]。但这些变量并不适用于植被覆盖较少的干旱/半干旱地区或沙漠地区。因此，单变量夜间灯光数据可能更适合干旱/半干旱地区的 ISA 制图。在研究中，我们使用归一化 VIIRS-DNB 数据和对数模型生成改进的不透水面指数（Improveed Impervious Surface Index，IISI）对植被覆盖较少的中国西部城市进行 ISA 制图，该模型可以用公式（2.2）表示。

$$\mathrm{IISI} = \log_2(1+\sqrt{\mathrm{DNB}_{nor}}) \tag{2.2}$$

其中 DNB_{nor} 是归一化的 VIIRS-DNB 数据，对数模型和系数可以确保指数值介于 0~1，与 ISA 密度的量化范围一致，该指数不仅能抑制极高值，还能增强较低值。

2.3.3 不透水面密度制图

在研究中，选择线性回归模型来估算 ISA 密度。其中因变量是来自 Landsat 卫星图像的参考 ISA 数据。为了匹配不同分辨率的图像，使用均值法将参考数据降尺度到 500 m×500 m，以生成相同分辨率 ISA 图像。研究共有六个独立的参考图像（每个图像 300 个样本），从中采集 1800 个样本作为因变量。自变量从相应的改进的不透水面指数图像（IISI）和来自相同点位置的样本值中获得。在所选样本中，1200 个样本用于建立回归模型，其余 600 个样本用于验证 ISA 估计结果。为了排除噪声点，将样本中小于 0.01 的值去除，最后留下 990 个有效样本点用于建立回归模型，426 个点用于估计结果精度。

2.3.4 不透水面结果精度评价

精度评估对于不透水面的结果评价至关重要。由于从 Landsat OLI 图像、基于指数的中分辨率图像和估计结果中获得的参考 ISA 是 0 ~ 1 之间的密度形式，传统基于像素级精度评估方法在这里并不合适[118]。因此，在本研究中，采用相关系数（R）、残差分析、均方根误差（RMSE）和相对均方根误差（RMSEr）来评估 ISA 估算结果和 Landsat OLI 图像中获得的参考 ISA 之间的差异[119,120]。

2.4 干旱/半干旱区不透水面制图结果分析

2.4.1 模型评估

线性回归模型通常用于低分辨率的 ISA 制图研究[28]。在本研究中，我们选择线性回归方法来建立参考 ISA 和自变量（DNB_{nor} 和 IISI）之间的关系并进行精度对比。表 2.5 显示，所有选定的线性回归模型都是显著的。总体而言，基于 IISI 的回归模型 R^2 值比基于 DNB_{nor} 变量的回归模型的值更高。

表 2.5 参考变量和自变量之间的回归关系

变　量	线性回归	
	回归公式	R^2
DNB_{nor}	$ISA=2.2682DNB_{nor}+0.1212$	$R^2=0.64$
IISI	$ISA=1.1319IISI-0.0361$	$R^2=0.70$

两个估计值的线性回归结果如图 2.2 所示。基于 DNB_{nor} 的模型的空间分辨率为 500 m，难以区分城市和郊区。基于 IISI 的模型具有相同的空间分辨率，但它可以更好地分离城市和郊区，并显著减少溢出现象。

为了更好地解释 ISA 估算结果的表现，选择了六个不同的城市——呼和浩特、兰州、拉萨、乌鲁木齐、西宁和银川，它们具有不同的位置和地区生产总值。对比分析表明，在所有选定的城市中，IISI 显著改善了数据溢出现象，如图 2.2 所示，可以得出结论：基于 IISI 的方法可以更好地区分城市和郊区，估算结果更接近 Landsat 中获取的参考 ISA。

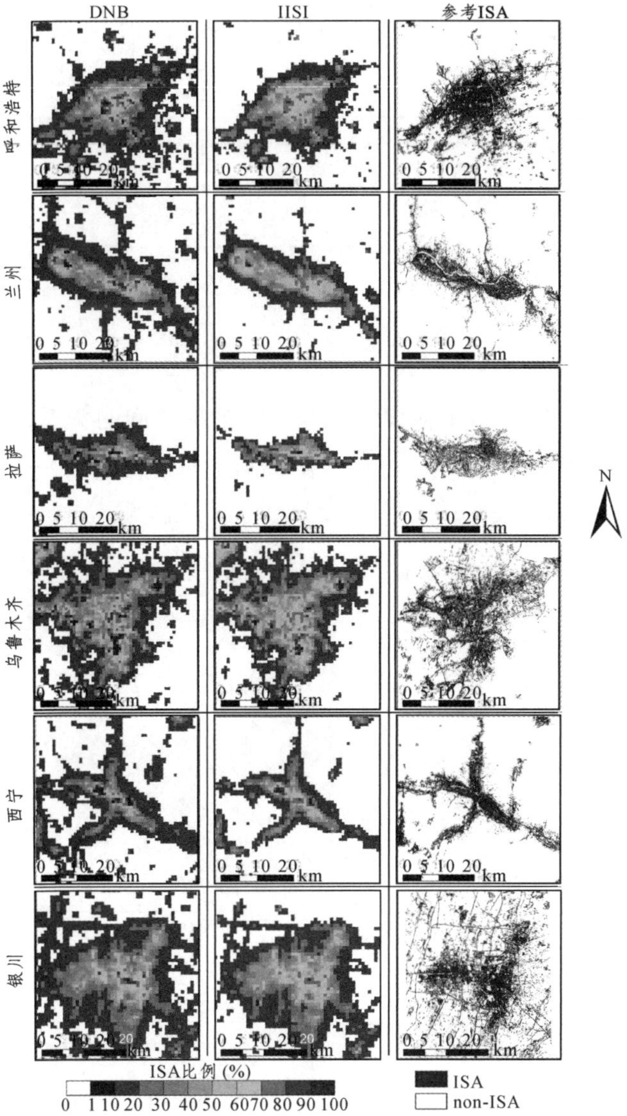

图 2.2 不同城市的 ISA 估计结果比较

2.4.2 ISA 估计精度的评估

表 2.6 显示了基于 DNB_{nor} 和 IISI 变量的总体精度评估结果，基于 IISI 变量的评估结果（R 值为 0.85，RMSE 值为 0.120）相比基于 DNB_{nor} 的结

果（*R* 值为 0.82，RMSE 值为 0.129）具有更好的相关关系。

表 2.6　线性回归模型中 DNB_{nor} 和 IISI 估计的准确性评估

变　量	线性回归		
	R	RMSE	RMSEr
DNB_{nor}	0.823	0.129	49.6
IISI	0.849	0.120	46.2

图 2.3 的散点图显示了估算结果与参考数据之间的关系，这表明基于 DNB_{nor} 的模型比基于 IISI 的模型散点图离散程度更大，并产生较大的误差。基于 IISI 的模型更适合 ISA 估算［见图 2.3（a1）（b1）］。图 2.3（a2）（b2）中的残差分布更清楚地显示了高估和低估问题。例如，在基于 DNB_{nor} 的模型中，当参考 ISA 大于 0.8 时，所有像素都被低估。相反，当参考 ISA

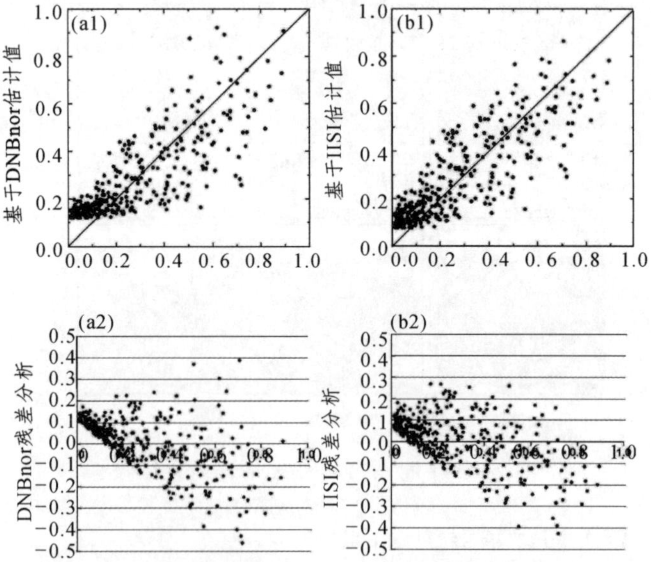

（a1）基于 DNB_{nor} 的线性回归模型；（b1）基于 IISI 的线性回归模型；
（a2）DNB_{nor} 的残差分析；（b2）IISI 的残差分析。

图 2.3　基于参考数据的散点图与线性回归模型估计值的比较分析

小于 0.1 时，像素被高估。使用基于 IISI 的模型时，这一问题得到了缓解。此外，残差分析表明，基于 IISI 的模型的残差值集中在–0.4 和 0.3 之间，而基于 DNB_{nor} 的模型的残差值集中在–0.5 和 0.4 之间，这说明基于 IISI 的结果与参考 ISA 值更接近。

由于各个城市具有不同的经济条件、位置和环境，因此有必要分别对不透水面结果进行评估。这里选择 *R* 和 RMSE 两项评估指标比较各城市的估计结果，相应结果如表 2.7 所示。显然，在所有选定的城市，基于 IISI 的方法都优于基于 DNB_{nor} 的方法，这也表明 IISI 是 ISA 密度估算中的稳健性。

表 2.7 比较不同城市两个变量线性回归方法的精度分析结果

城市	DNB_{nor}		IISI	
	R	RMSE	*R*	RMSE
呼和浩特	0.794	0.155	0.845	0.137
兰州	0.852	0.117	0.889	0.103
拉萨	0.872	0.060	0.882	0.057
乌鲁木齐	0.846	0.085	0.873	0.078
西宁	0.769	0.154	0.860	0.123
银川	0.899	0.098	0.901	0.097

除了对 ISA 密度估算结果的总体评价，研究还进行了考虑到经济条件和不同环境要素的详细分析以检验 ISA 估算模型效果。依据参考 ISA 数据将估算结果从很低到很高分为四个等级，即<0.2，[0.2，0.4）、[0.4，0.6）和≥0.6，如表 2.8 所示。除中等级别[0.4，0.6）外，基于 IISI 的方法在大多数等级上表现更好。这些结果进一步证明，基于 IISI 的方法提高了 ISA 估算结果，并显示了更好的适用性。通过比较分析不同 ISA 密度等级下的 RMSE 值，我们可以得出结论，基于 IISI 的方法比基于 DNB_{nor} 的方法的 ISA 密度估算更可靠。

表 2.8 对比评估分析所有研究区域两种估计影像的 RMSE 和相对 RMSE（RMSEr=RMSE/平均值×100）的准确度

不透水密度分类	数据范围	DNB_{nor}		IISI	
		RMSE	RMSEr	RMSE	RMSEr
很低	<0.2	0.099	119.3	0.084	101.2
低	[0.2，0.4）	0.161	55.9	0.153	53.1
中等	[0.4，0.6）	0.139	28.5	0.144	29.6
高	≥0.6	0.176	24.5	0.142	19.8
总体		0.129	49.6	0.120	46.2

表 2.9 显示了两个估算结果和参考样本的平均值，总体而言，基于自变量的两个均值估计结果相差不大，且这两个均值项略高于参考样本。同样，分析中使用密度等级分组方法，当 ISA 小于 0.2 时，平均样本值低于这两个基于模型的样本值，这意味着两个基于指数的方法高估了 ISA，而[0.2，0.4]、[0.4，0.6）两个密度等级的结果相反，两种方法的估算值都比样本值低。特别是当参考样本大于 0.6 时，基于 DNB_{nor} 的模型高估，基于 IISI 的模型低估。总的来说，基于两个变量的 ISA 估算与参考样本的平均值接近，这意味着研究中选择的变量用于 ISA 密度制图是可信的。

表 2.9 比较基于两种指数方法样本的平均值

不透水密度范围	均值		
	样点	DNB_{nor}	IISI
<0.2	0.083	0.150	0.125
[0.2，0.4]	0.288	0.284	0.287
[0.4，0.6）	0.487	0.484	0.496
≥0.6	0.717	0.738	0.686
总体	0.260	0.274	0.274

2.5 讨论

夜间灯光数据可用于 ISA 密度制图，是因为该数据能代表着城市信息。基于夜间灯光数据的 ISA 制图在之前的研究中主要是使用 DMSP-OLS 数据[30,48,50,53,64,94,121]。NGDC 于 2013 年首次发布了 VIIRS-DNB 数据，该数据比 DMSP-OLS 具有更高的空间分辨率和更高的量化动态变化范围[122]，但由于夜间灯光数据溢出现象明显、背景噪声难以消除、数据处理仍然较为复杂等因素，使得该数据仍然很少用于 ISA 制图。2017 年 3 月发布的 VIIRS-DNB 年度数据则极大地改正了上述现象。在本研究中，根据年度 VIIRS-DNB 数据提出了一个新的指数 IISI。基于该指数的 ISA 估算结果表现良好且稳健，总体 RMSE 为 0.12。本研究还表明，基于 IISI 的方法对于干旱/半干旱地区的 ISA 制图非常有前景。

先前使用夜间光照和植被指数组合进行 ISA 制图的研究已证明在干旱/半干旱地区表现较差[30,109]，因为干旱/半干旱城市地区内部和周围的植被覆盖较少，这使得区分城市和郊区变得异常困难。本研究提出了一个利用归一化 VIIRS-DNB 和对数处理的指数，该指数在干旱/半干旱地区的 ISA 估计中有了很大的改进。基于 IISI 的模型能够有效地绘制 ISA 分布，并在城市和非城市地区之间做出明确的区分，该变量抑制了极高值，提高了低值，在改进 ISA 估计方面很有希望。另外，通过对比前人的研究也表明，区分不同生态条件或植被覆盖下的研究区域是必要的。表 2.10 显示，在本研究中，基于 DNB_{nor} 的模型 R^2 为 0.64，而在先前的研究中，基于 DNB_{nor} 在国家尺度上进行 ISA 估算的模型 R^2 为 0.54。基于 IISI 的模型也比在国家尺度上 ISA 制图的融合变量 LISI（国家尺度）表现更好。因此，在不同植被覆盖条件下对研究区域进行有效划分对于提高 ISA 制图精度非常有效。

表 2.10　DNB_{nor}，IISI，DNB_{nor}（National）和 LISI（National）的线性回归模型

变　量	线性回归	
	回归公式	R^2
DNB_{nor}	$ISA=2.2682DNB_{nor} + 0.1212$	$R^2 = 0.64$
IISI	$ISA=1.1319IISI - 0.0361$	$R^2 = 0.70$
¹DNB_{nor}(National)	$ISA=0.8102DNB_{nor} + 0.0445$	$R^2 = 0.54$
²LISI(National)	$ISA=1.3068LISI + 0.0445$	$R^2 = 0.65$

注：这些结果来自我们之前用于整个中国的研究成果（Guo et al. 2015）[109]。¹DNB_{nor}（国家尺度）和 ²LISI（国家尺度）。

夜间灯光数据与社会和经济因素密切相关[115,123-125]，已有研究证明在使用夜间灯光数据进行 ISA 制图时，经济条件可能会影响估计精度[109]。图 2.4 显示了样本城市的像素总和与 GDP 之间的关系。基于 IISI 的模型 R^2 为 0.61［见图 2.5（a）］比基于 DNB_{nor} 的模型 R^2 为 0.58［见图 2.4（b）］具有更好的相关性，这表明在本研究中提出的变量不仅在 ISA 制图中有较好的精度，而且在经济估算方面也显示出很大的潜力。

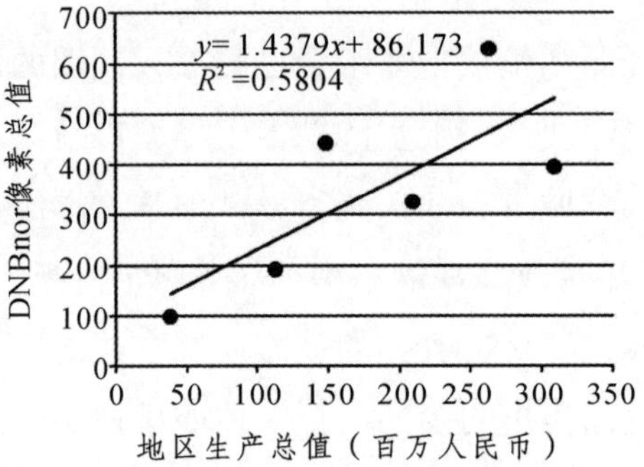

（a）DNB_{nor} 像素总和与地区生产总值

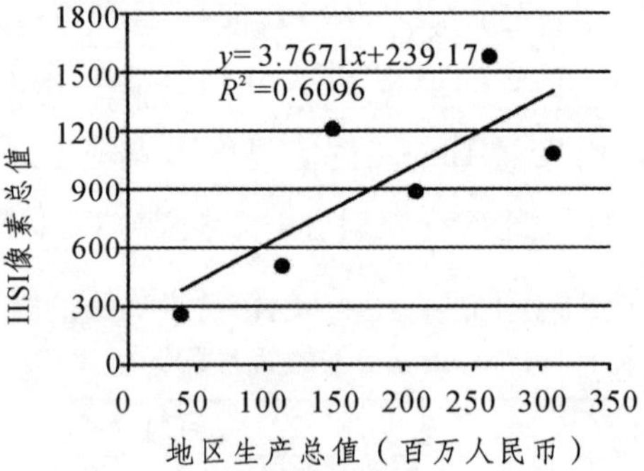

（b）IISI 像素总和与地区生产总值

图 2.4　基于两个变量像素和与其对应的地区生产总值之间的线性回归模型的比较分析

2.6 结论

本研究主要利用处理后的年度 VIIRS-DNB 数据，提出一种 IISI 指数，该指数可以改善干旱/半干旱地区的 ISA 制图精度。通过分析基于 IISI 变量的不透水面制图，我们得出以下结论：

（1）本研究提出了一个基于年度 VIIRS-DNB 新指数，非常适合干旱/半干旱大尺度 ISA 制图。与之前的指数 DNB_{nor} 相比，我们发展的新指数 IISI 可以在除中等 ISA 密度[0.4，0.6]以外的大多数水平上提高制图性能。在干旱/半干旱地区，总体 RMSE 的估算精度为 0.12。

（2）原始 VIIRS-DNB 可能不是干旱/半干旱地区等植被稀疏和沙漠覆盖地区 ISA 制图的良好变量，除非对其进行进一步处理，如对数运算。除此之外，在全国或区域范围内基于生态分区的 ISA 制图有助于提高 ISA 制图精度。

（3）提出的 IISI 变量与城市地区的社会和经济信息密切相关，在经济估算中也被证明效果较好，该指数对于人口和电力消耗估算的方面的应用极有潜力。

联合夜间灯光与植被指数的不透水面制图

3.1 DMSP-OLS 与 MODIS NDVI 不透水面制图研究

区域和全球尺度的快速城市化发展带来了诸如生物多样性减少、气候变化、水体污染和城市热岛等问题[95-98]。为了满足科学研究、政策决策者的决策分析以及更好地制定相关可持续发展政策，准确快速地获取城市不透水面的空间扩展及空间分布，尤其是高精度的不透水面数据，是非常有必要的。不透水面增加是城市化发展的一个重要标志[1,12,120]，现在有许多国际研究机构以及多项研究计划旨在对城市系统进行研究，探究城市的规划、发展布局带来的能源消耗、土地退化、生物量减少等方面的问题，为城市可持续发展提供借鉴。如政府间气候变化专门委员会（Intergovernmental Panel on Climate Change，IPCC）计划、国际科学理事会（International Councilfor Science，ICSU）发起的未来地球计划（Future Earth）等，相关的地球系统研究建模都需要用到城市区域面积及空间变化数据，所以不透水面的精确制图对许多区域和全球化问题的研究具有重要意义[8,64]。

遥感数据具有快速、实时、宏观观测的特点，为不透水面制图研究提供了方便经济的技术手段。一般的用于局部不透水面制图研究通常采用中高分辨率的遥感数据，如 QuickBird，IKONOS 或者是 Landsat TM[28,103]，但是这些数据源并不适合大尺度快速不透水面数据更新，尤其是当高分辨率数据用于区域或者全球尺度研究时，需要消耗大量的人力物力及时间来对数据进行处理。高分辨遥感数据由于覆盖范围小，本身也容易受到天气的影响，如云污染，使得高分辨率数据用于大尺度不透水面短周期快速制图不具有可行性。

低分辨率的 DMSP-OLS、AVHRR、MODIS 等遥感数据由于覆盖范围大，重访周期短的特点常常被用来进行区域和全球尺度的不透水面制图研究，现在已有很多基于低分辨率遥感影像建立的全球性的不透水面数据库。Schneider 等人采用 500 m 分辨率的 MODIS 数据结合决策树分类方法进行了全球城市不透水面制图[71]。著名的夜间灯光遥感专家 Elvidge 及其合作者基于灯光数据 DMSP-OLS 开发了一套全球的城市建成区的不透水面密度及分布数据库[88,94]。Imhoff 等通过对 DMSP-OLS 合成数据的研究，进行了美国城市区域的制图研究[45]。尽管如此，上述研究大多基于 MODIS 和 DMSP-OLS 的单变量数据进行研究，而单变量遥感数据由于其自身特点的影响，进行大尺度不透水面制图都面临着许多问题。16 比特 MODIS（0 ~ 65 535）数据提供了丰富的地物光谱信息用于陆地地物分类，但是由于组成城市不透水面地物的复杂性，在 MODIS 影像中往往表现为混合像元，很难直接用 MODIS 多光谱数据区分城市不透水面与非不透水面区域[53]。原始的 DMSP-OLS 数据的空间分辨率为 2.7 km，量化范围为 6 比特（0 ~ 63），数据所表现出来的数据外溢和数据饱和问题，使单变量 DMSP-OLS 数据用于大尺度不透水面制图面临精度不高的问题，尤其不能反映出不透水面的空间变化特点[38,47]。再者，基于 DMSP-OLS 数据进行大尺度不透水面制图往往采用阈值法，即设定某一或某几个值作为区分不透水面与非不透水面的方法，抑或是采用多个不同阈值设定不透水面密度制图的方法[22,45]，这些方法使得很多城镇和村庄等不透水面信息往往被遗漏，并且阈值法不能很好地反映出城市空间变化的细节信息，没有从根本上改变 DMSP-OLS 数据的饱和问题。针对单变量的 DMSP-OLS 和 MODIS 数据的特点在不透水面制图研究中面临的问题，两种数据结合使用为区域和全球化大尺度不透水面制图提供了一种新的视角。自从 Lu 等研究者采用 DMSP-OLS 和 MODIS NDVI 相结合的方式对中国东南部区域进行不透水面制图开始，已经有许多研究开始专注于将灯光数据 DMSP-OLS 与植被数据相结合的方式进行大尺度不透水面制图[53]，相应的植被数据包括 MODIS NDVI、SPOT VGT 或者是 AVHRR 数据。这种变量结合的研究方法已经被认为具备快速大尺度不透水面制图的潜力，并且之后有许多相关不透水面制图的研究围绕变量结合的方式展开。Cao 等通过 SVM 分类方法构建中国城市地区的不透水面制图信息，其输入变量为低分辨率的 DMSP-OLS 数据和相同分辨率的 SPOT VGT 数据[55]。Zhang 等提出了一种植被灯光自适应城市指数（Vegetation Adjusted NTL Urban Index，VANUI），建立了该指数与城市不透水面的正相关关系，VANUI 采用 DMSP-OLS 和 MODIS NDVI 数据融合的方式既能改善单独的 DMSP-OLS 数据饱和的现象，又能反映 MODIS 数据的空间信息[8]。尽管上述研究采用的低分辨的 MODIS NDVI 数据相对于灯光数据能反映城市细节，但是其分辨率仍不能更好地反映城市不透水面的空间细节变化，因此选用覆盖范围广且具有更高空间分辨率的植被数据与灯光数据 DMSP-OLS 相结合将会是更佳选择。通过选择覆盖范围广，分辨率更高的植被数据与灯光数据结合进行大尺度不透水面精确制图的研究也就显得更为迫切。

本章研究采用基于更高分辨率的 MODIS NDVI（250m）与低分辨率灯光数据 DMSP-OSL 数据相结合的方法，提出一种新的融合变量——归一化不透水面指数（Normalized Impervious Surface Index，NISI）用于大尺度不透水面制图研究。

3.1.1 研究区概述及数据选取

中国在过去的几十年当中经历了快速的城市化过程，人口和经济迅速增加。现如今已经有超过 50%的中国人口居住在城市地区，尤其是大城市地区。与此同时，城市范围不断扩大以容纳更多的城市人口，城市不透水面面积也在不断增加，由此也引发一系列资源环境问题，影响了城市的可持续发展。为了更好地规划城市发展空间，合理解决目前由不透水面增加带来的问题，快速准确地进行中国区域大尺度的不透水面制图非常有必要[126-131]。目前已经有许多对于中国城市不透水面制图的研究[7,78,117,132-134]。

由于中国区域研究范围较大，不同城市具有不透水面密度和类型各异，因此，当选用整个中国区域作为研究对象时需考虑能代表各种不透水面类型的城市和地区作为样本。研究中选择北京、成都、乌鲁木齐、武汉和东莞-深圳地区等五个研究区域作为研究样点城市，从上述城市中选出不透水面制图所需的样本点。选取另外五个省会城市哈尔滨、昆明、上海、兰州、郑州作为研究的验证样本点来源地，从中选中不透水面的验证样本用来验证变量的精度和通用性。

在整个中国研究区域中，这些城市具有代表性。其中，北京、上海和东莞-深圳为超级都市区，有大量的人口和较大规模的地区生产总值，分别坐落于中国的北部、东部和东南部地区。郑州、武汉和成都是大城市，其中郑州和武汉坐落于中国中部地区，成都位于中国西部。乌鲁木齐和昆明是中等级的省会（首府）城市，分别位于中国西北和西南地区。表 3.1 展示了所选城市区域的人口、地区生产总值和区域面积。

表 3.1 研究区十个城市 2012 的人口、地区生产总值和总面积
（数据来自 2012 中国统计年鉴）

城市和都市区		人口/百万	地区生产总值/十亿人民币	面积/km²
用于建模的城市	北京，中国北部	20.69	1 780.1	16 800.00
	成都，中国西部	11.73	813.8	12 390.00
	东莞-深圳，中国东南部	18.84	1 796.02	4 461.85
	乌鲁木齐，中国西北部	3.35	206.0	15 173.13
	武汉，中国中部	10.12	800.3	8 494.41
用于验证的城市	哈尔滨，中国东北部	9.95	455.01	53 840.00
	昆明，中国西南部	6.53	301.1	21 001.28
	上海，中国东部	23.80	2 010.1	6 340.50
	兰州，中国西北部	3.61	156.44	13 085.60
	郑州，中国中部	8.63	554.7	7 446.20

研究中使用的数据主要有四种，包括 DMSP-OLS 稳定灯光数据、MODIS 16 天 NDVI 合成产品（MOD13Q1）、Landsat 8OLI 多光谱图像数据和 MOD44W 水体掩膜数据。

量化为 6 比特的 DMSP-OLS 稳定灯光数据（Version 4 DMSP-OLS）具有较低的空间分辨率（1 km），该数据能探测到城市，甚至一些小城镇居民点的夜间灯光、交通道路光照等也能被探测到，并且能将之与黑暗背景区分开来。稳定灯光数据已经进行相应的算法处理，除去了杂光、月光、云层、野火、闪电和极光等光照的影响[135，136]。鉴于 DMSP-OLS 数据上述优点，该数据很适合进行大尺度的全球和区域范围的城市遥感研究[48,50,114]。

MODIS 16 天合成数据产品（MOD13Q1）主要是来自于每天获得的 MODIS Level-2G（L2G）表面辐射数据。该产品使用约束倾角-最大值合成方法（Constrained View Angle-Maximum Value Composite，CV-MVC）将云的影响降低到最小程度，与此同时，具备最小倾角的 NDVI 此时接近于最大值。

Landsat 8 OLI 多光谱图像包含 11 波段，其中 7 个反射波段具有 30 m 空间分辨率（例如可见光，近红外和短波红外），一个全色波段（band 8）具有 15 m 的空间分辨率。第 10 和 11 波段为热红外波段，具有 100 m 空间分辨率，其数据说明信息参考网址 http://landsat.usgs.gov/landsat8.php。

250 m 分辨率的水体掩膜产品（MOD44W）是利用 SRTM 水体数据（SRTM Water Body Data，SWBD）和 250m 分辨率的 MODIS 数据产品互相补充建立的全球表面水体数据。在北纬 60°到 90°区域，SWBD 在有些区域是没有值的，在无值区域则用 MODIS 250 m 数据作补充。关于水体掩膜产品的数据说明在 Carroll 等的文章中已经做了相关说明[113]。研究中所使用的数据和相应的数据描述如表 3.2 所示。

表 3.2　研究区所用数据

数　据	获取日期	描　述
DMSP-OLS（Version 4）	In the calendar year 2012	1 km 空间分辨率稳定灯光数据产品
MODIS NDVI（MOD13Q1）	16 天 MODIS NDVI 合成数据，时间介于 2012 年 4 月和 10 月之间（h23v04-h23v05，h24v04-h24v05，h25v03-h25v06，h26v03-h26v06，h27v04-h27v06，h28v05-h28v07，h29v06）. 总景数：247	格网化 level-3 产品，250 m 空间分辨率
Landsat 8 OLI 多光谱数据	path/row：获取日期 123/32: 2013-09-01 129/39: 2013-04-20 122/44: 2013-11-29 118/28: 2013-07-12 129/43: 2013-04-20 130/35: 2013-08-01 118/38: 2013-08-29 123/39: 2013-05-12 143/29: 2013-08-28 124/36: 2013-06-04	除去第 1 波段的 6 个 30 m 分辨率的多光谱波段和一个 15 m 分辨率的全色波段。另外两个 100 m 分辨率的红外波段由于其分辨率较低也排除使用
MOD44W	全球水体掩膜提取产品，2009 年分发	SRTM 和 MODIS 250m 数据结合生成的全球完全陆地表面 250 m 空间分辨率产品

注释：①DMSP-OLS 数据下载于美国国家地理数据中心（National Geophysical Data Center，NGDC）（http://ngdc.noaa.gov/eog/dmsp/downlo adV4com posites. html）；

②MODIS NDVI 多时相数据下载源自 NASA 戈达德空间飞行中心（NASA Goddard Space Flight Center，GSFC）（http://ladsweb.nascom.nasa.gov/data/search. hOLIl）；

③Landsat 8 OLI 影像下载源自美国地质调查局网站（United States Geological Survey，USGS）（http://earthexplorer.usgs.gov/）；

④MOD44W 数据下载源自全球土地覆盖基金会网站(Global Land Cover Facility，GLCF）（http://glcf.umd.edu/data/watermask/）.

3.1.2 DMSP-OLS 与 MODIS NDVI 不透水面制图研究方法

基于 DMSP-OLS 和 MODIS NDVI 的大尺度不透水面研究方法主要分为数据预处理、生成融合变量影像、线性回归模型运算和精度分析四个部分获取不透水面密度的基本框架如图 3.1 所示。与此同时，单变量的 DMSP-OLS 和 MODIS NDVI 也被用来进行不透水面制图，作为与融合变量获取结果的对比研究。

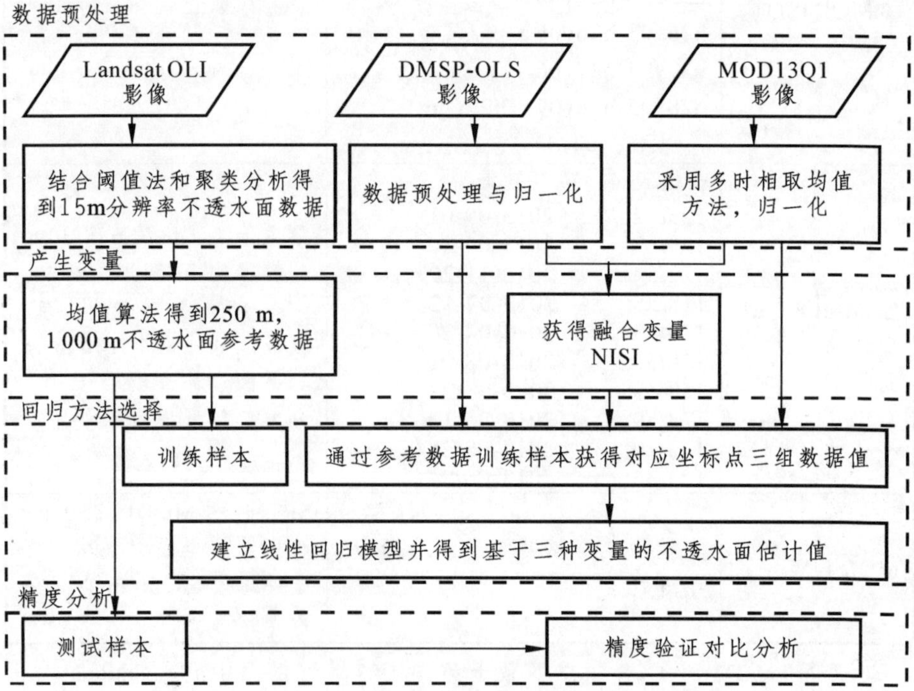

图 3.1 NISI 估计不透水面流程图

DMSP-OLS 数据是地理坐标系统，将采用最邻近采样发重投影到阿尔伯斯投影（Arbers）坐标系下，其分辨率仍为 1 km。采用公式（3.1）对 DMSP 数据进行归一化处理，处理之后的研究区归一化 DMSP 数据影像如图 2.3 所示。

$$\mathrm{DMSP_f} = \frac{\mathrm{DMSP} - \mathrm{DMSP_{min}}}{\mathrm{DMSP_{max}} - \mathrm{DMSP_{min}}} \tag{3.1}$$

其中 DMSP 是归一化的 DMSP-OLS 数据，其值介于 0 到 1 之间；$\mathrm{DMSP_{min}}$ 是 DMSP-OLS 最小值，其值为 0；$\mathrm{DMSP_{max}}$ 为 DMSP-OLS 最大值，其值为 63。

MODIS NDVI 数据（16 天 MOD13Q1 产品，250 m 分辨率）也采用同样的方式被重投影到 Arbers 坐标系下。城市景观中，植被分布与城市不透水面分布格局密切相关[54]，因此，植被指数可以用来进行不透水面制图[68,72,137]。但是，非植被的土地覆盖类型如裸土，水体和不透水面在 NDVI 图像中表现出相似的值，很难用单纯的植被数据将不透水面与非不透水面区分出来，为了减少不透水面制图混合像元的影响，研究中采用多时相的 NDVI 影像来产生一幅合成的年度 NDVI 影像，新的 NDVI 可以通过公式（3.2）表达如下：

$$\mathrm{NDVI_{mean}} = \mathrm{Mean}[\mathrm{NDVI_1}, \mathrm{NDVI_2}, \cdots, \mathrm{NDVI}_n] \tag{3.2}$$

其中 $\mathrm{NDVI_1}, \mathrm{NDVI_2}, \cdots, \mathrm{NDVI}_n$ 为多时相的 MOD13Q1 NDVI 影像，获取时间 2012 年。平均值不能完全消除云的影响，但是这种方法可以降低 NDVI 数据季节和年度变化的敏感性，已经有相关研究采用平均值方法得到年际的合成植被指数数据[8,73]。

1. Landsat 8 OLI 影像中获取不透水面参考数据

Landsat 8 OLI 是横轴墨卡托投影（UTM）坐标系统，将上述坐标系统重投影到 Arbers 投影坐标系下。通过结合使用阈值法和聚类分析的方法提取出不透水面，步骤如图 3.2 所示，主要包括：

（1）通过数据融合产生一个改变了分辨率的新数据集；

（2）通过水体指数和植被指数掩膜掉植被和水体；

（3）对剩余的像素提取光谱特征并做聚类分析；

（4）将聚类结果通过人工不断地进行划分，直到最终分为不透水面和非不透水面两类。

由于城市景观土地覆盖的复杂性，遥感数据的空间分辨率是制约不透水面制图的一个重要因素[28]。已经有研究证实增强 Landsat 数据空间分辨率进行不透水面制图是有效的，小波融合技术将多波段数据和全色波段数据进行融合对改进数据空间分辨率的重要工具[120]，因此研究中通过小波融合对多波段的 Landsat 8 OLI 数据进行处理，产生新的提高了空间分辨率的融合数据用于研究分析。

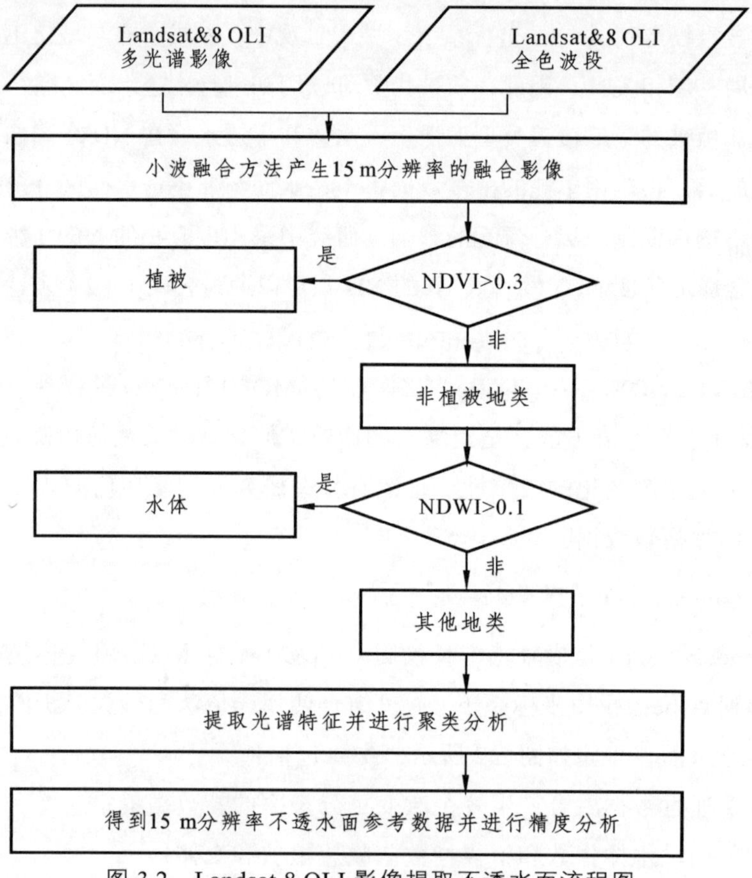

图 3.2　Landsat 8 OLI 影像提取不透水面流程图

目前有许多植被指数和水体指数已经发展出来[138,139]用于水体和植被提取。其中 NDVI 和 NDWI（Normalized Difference Water Index，NDWI）是最常用的植被指数和水体指数[140]。因此，研究中采用上述两种指数从多波段融合影像中提取上述两种地物。基于对植被样本的分析，选定 0.3 作为阈值提取植被像素，同时选定 0.1 作为水体数据的阈值提取水体像素，通过阈值运算将植被和水体从多波段融合数据当中掩膜掉，剩余的像素主要是不透水面、裸土和沙土。从融合图像的剩余像素中提取光谱特征，使用聚类分析（本研究采用 ISODATA）将图像分为 100 类，参照 Google Earth 中诸如 QuickBird 等高分辨率影像，将类别归为不透水面和其他地类。最后，生成 15 m 空间分辨率的不透水面数据。通过将不透水面数据对应到相应的 Landsat 8 OLI 多光谱影像上进行目视对比检查来确定结果质量和数据的可靠性。因此，可以将 Landsat 8 OLI 提取的不透水面数据用于大尺度不透水面的建模和精度验证。

2. DMSP-OLS 和 MODIS NDVI 数据融合

单变量的低分辨率遥感数据进行不透水面制图有许多不足之处，而将单变量数据进行结合使用产生的融合变量往往能得到更好的制图效果[141, 142]。目前，主要有两种常用的基于 DMSP-OLS 和 MODIS NDVI 数据的大尺度不透水面制图融合变量，其中一种是人居环境指数（Human Settlement Index，HSI）[53]，其表示如公式（3.3）：

$$\mathrm{HSI}=\frac{(1-\mathrm{NDVI}_{\mathrm{MAX}})+\mathrm{OLS}}{(1-\mathrm{OLS})+\mathrm{NDVI}_{\mathrm{MAX}}+\mathrm{OLS}\times\mathrm{NDVI}_{\mathrm{MAX}}} \tag{3.3}$$

其中：

$$\mathrm{OLS}=\frac{\mathrm{OLS}-\mathrm{OLS}_{\min}}{\mathrm{OLS}_{\max}-\mathrm{OLS}_{\min}} \tag{3.4}$$

$$\mathrm{NDVI}_{\mathrm{MAX}}=\mathrm{MAX}[\mathrm{NDVI}_1,\mathrm{NDVI}_2,\cdots,\mathrm{NDVI}_n] \tag{3.5}$$

HSI 对 NDVI 和 OLS 较为敏感，该指数在 DMSP-OLS 为 63 且 NDVI 为 0 时公式不成立，并且 HSI 指数程度复杂，很难解释其意义。

另外一种较为常用的融合变量是植被校正归一化城市指数（Vegetation Adjusted Normalized Urban Index，VANUI）[8,73]，其表示如公式（3.6）：

$$\mathrm{VANUI}=(1-\mathrm{NDVI}_{\mathrm{mean}})\times\mathrm{OLS} \tag{3.6}$$

其中 $\mathrm{NDVI}_{\mathrm{mean}}=\mathrm{MEAN}[\mathrm{NDVI}_1,\mathrm{NDVI}_2,\cdots,\mathrm{NDVI}_n]$。VANUI 对改善

DMSP-OLS 数据的饱和现象非常显著，并且进行不透水面制图时其相关系数 R^2 也比 HSI 高。VANUI 很容易理解，因为 $NDVI_{mean}$ 与不透水面是负相关关系，1-$NDVI_{mean}$ 则可以保证植被变量的值在 0~1 之间，同时与不透水面呈正相关关系。但是 VANUI 在城市核心区表现并不敏感。

以上两个变量都是基于 DMSP-OLS 数据和相同分辨率的 NDVI 数据（1 000 m MODIS NDVI）的融合变量，由于空间分辨率仍然较低，往往不能更好地表达出不透水面的空间分布细节。这里提出一种新的变量即归一化不透水面指数（Normalized Impervious Surface Index，NISI），定义 NISI 如公式（3.7）：

$$\mathrm{NISI}=\frac{\mathrm{OLS}\times(1-\mathrm{NDVI}_{\mathrm{mean}})}{2\times\left(1-\frac{\mathrm{OLS}}{2}\right)\times\left(1+\mathrm{NDVI}_{\mathrm{mean}}\right)} \tag{3.7}$$

其中 $NDVI_{mean}$ 是 MOD13Q1 NDVI 多时相平均值归一化数据，由于城市里代表植被分布的 NDVI 与城市不透水面是相反关系[54]。公式 1-NDVI 值介于 0~1 之间且与不透水面之间是正相关关系。NISI 不仅突出了城市不透水面区域，而且改进了不透水面的空间分布细节。该系数由四部分组成，OLS 与不透水呈正相关；$NDVI_{mean}$ 与不透水呈反相关，因此，1-$NDVI_{mean}$ 与不透水面呈正相关；$\left(1-\frac{\mathrm{OLS}}{2}\right)$ 与不透水面反相关，因此 $\frac{1}{\left(1-\frac{\mathrm{OLS}}{2}\right)}$ 与不透水呈正相关；$(1+\mathrm{NDVI}_{\mathrm{mean}})$ 与不透水面反相关，因此 $\frac{1}{(1+\mathrm{NDVI}_{\mathrm{mean}})}$ 也与不透水呈正相关。即以上指数的四部分皆与不透水面呈正相关，不仅能更加突出不透水面，而且该指数基于 DMSP-OLS 和更高分辨率的 MODIS NDVI（250 m）进行组合运算，其值仍介于 0~1 之间，适合大尺度不透水面的密度分布制图。

NISI 不仅包括代表城市信息的灯光数据，而且也包括了植被数据更高的空间纹理信息，保证了空间细节，并且组成 NISI 的两种数据其幅宽较大，也可以保证大范围覆盖，适合大尺度快速不透水面制图。

3. 回归方法用于不透水面密度制图

已经有很多线性回归和多元回归方法用于构建低分辨率数据和高分辨率数据之间的回归关系，并通过回归进行大尺度不透水面密度制图[53,76,109,115,143]，这些方法当中线性回归方法简单易行便于操作，因此选择线性回归模型进行研究，其模型公式（3.8）所示：

$$Y = aX + b \tag{3.8}$$

其中 Y 是因变量，这里是中高分辨率的遥感影像获得的不透水面参考数据，X 是 DMSP-OLS 数据或者基于 DMSP-OLS 和其他低分辨率遥感影像的融合变量，a 为回归系数，b 为截距。

因变量是从 Landsat 8 OLI 影像中得到的高分辨率不透水面参考数据，用平均值方法将分辨率从 15 m 分别重采样到 250 m 和 1000 m，以匹配同样像素大小的 NISI，$NDVI_{mean}$（250 m）和 $DMSP\text{-}OLS_{nor}$（1000 m）。对于自变量 $DMSP\text{-}OLS_{nor}$，$1\text{-}NDVI_{mean}$ 和 NISI，为了构建与参考 ISA 的回归模型，需要对每个研究区域每种变量进行随机选点。研究中分别对五个选定的用于建模的城市选点，每个城市选定 300 个样点，总共 2 400 个点，并将通过样点对应的坐标提取对应的影像上的值，这样就有基于 $DMSP\text{-}OLS_{nor}$，$NDVI_{mean}$，NISI 和参考数据的四套样点值。同样地，采取相同的方式从另外五个用于验证的城市中选出验证点，用于精度验证。

4. 不透水面制图精度分析方法

精度分析是评价不透水面制图结果的重要部分，因为从 Landsat OLI 中获取的不透水面参考数据和获得的大尺度不透水面估计值都是介于 0~1 之间的密度分布值，所以传统基于分类精度验证方法并不适用[118]。因此，研究中采用相关系数 R 和均方根误差 RMSE 来进行精度分析，描述参考数据和估计的低分辨率不透水面数据之间的精度[119,120]。如公式（3.9）、（3.10）所示：

$$\mathrm{RMSE} = \sqrt{\frac{\sum_{i=1}^{n}(x_{ei} - x_{ri})^2}{n}} \tag{3.9}$$

其中 x_{ei} 和 x_{pi} 分别为第 i 个估计值和参考数据值，n 代表研究区的样本数目。

$$R = \frac{\sum_{i=1}^{n}(x_{ei} - x_{mi})}{\sum_{i=1}^{n}(x_{ei} - x_{mi})} \tag{3.10}$$

其中 x_{ei} 是对应的样点 i 的估计值，x_{ri} 是样点 i 的参考数据值，x_{mi} 是所有不透水面参考数据样本的平均值，n 代表样本数目。

3.1.3 DMSP-OLS 与 MODIS NDVI 不透水面制图分析与讨论

为了对比分析单变量和融合变量的数据特点，将 DMSP-OLS$_{nor}$，NDVI$_{mean}$ 和 NISI 影像叠加在一起显示，采用剖面线提取点值的方法对三者进行对比分析，如图 3.3 所示。可以看到 NDVI 值从核心区到郊区在不断升高；DMSP-OLS$_{nor}$ 值在核心区则总是表现为最大值，这是由于 DMSP-OLSnor 数据量化级别较低，数据固有的饱和现象引起。恰恰相反，当 DMSP-OLS$_{nor}$ 在城市核心区达到最大值的同时相应的 NDVI$_{mean}$ 值却最低，表明城市不透水面分布与 DMSP-OLS$_{nor}$ 成正比与 NDVI$_{mean}$ 成反比。NDVI$_{mean}$ 数据有较好的动态量化范围，在城市区域内可以有效地表现出不透水面密度变化，但是城区和郊区的区分度并不大。此外，从图上可以很明显看出，DMSP-OLS$_{nor}$ 数据并不能很好地表现城市核心区的不透水面空间分布信息和纹理细节。而 NISI 作为 DMSP-OLS$_{nor}$ 和 NDVI$_{mean}$ 两者合成的变量，则能较好地反映出不透水面的空间分布信息，同时又能突出城市不透水面，使之与周围的非城市背景区分开来。

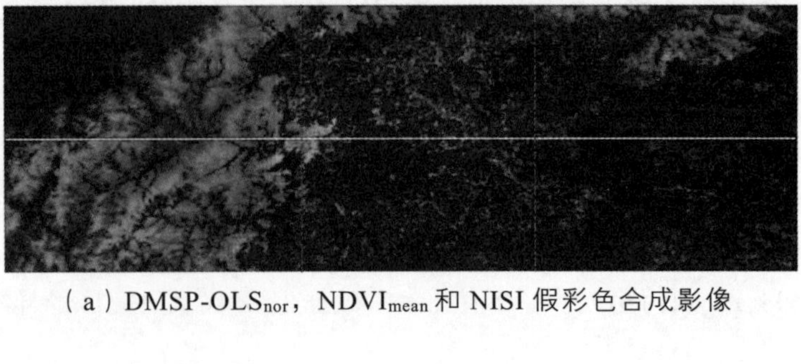

（a）DMSP-OLS$_{nor}$，NDVI$_{mean}$ 和 NISI 假彩色合成影像

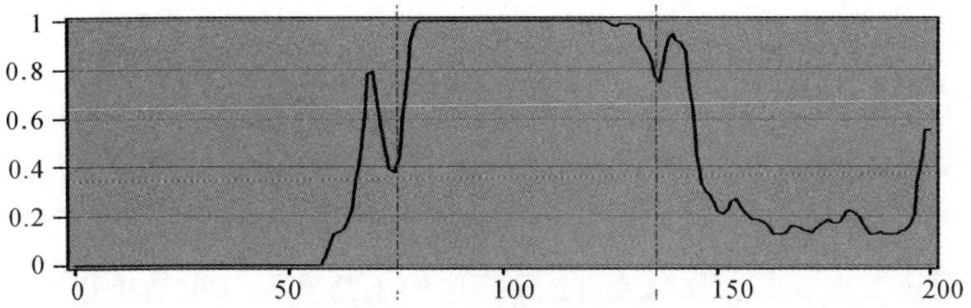

（b）DMSP-OLS$_{nor}$

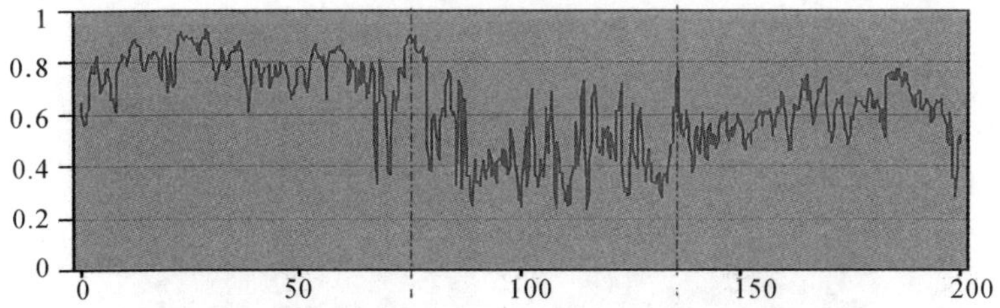

（c）NDVI$_{mean}$

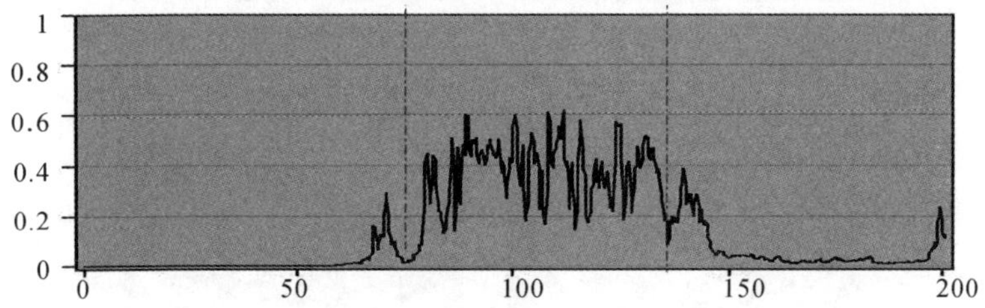

（d）NISI

图 3.3 四种数据的假彩色合成影像位于北京城区郊区结合处的剖面数据对比

注释：DMSP-OLS$_{nor}$，NDVI$_{mean}$ 和 NISI 假彩色合成影像中红色代表 DMSP- OLS$_{nor}$ 绿色代表 green NDVI$_{mean}$ 蓝色代表 NISI 数据，X 坐标轴单位为千米（km）。

图 3.4 分别展示从 DMSP-OLS$_{nor}$，MODIS NDVI 和 NISI 中获取的不透水面密度分布图像和从 Landsat 8 OLI 影像中获取的北京市不透水面参考数据对比，说明基于 NISI 变量显示出了比 DMSP-OLS 数据更高的空间分辨率，比 MODIS NDVI 数据更能突出城市核心区。也同时显示了单变量的 DMSP-OLS 数据空间分辨率较低和严重的数据饱和现象，该数据变量不能反映出城市核心区的空间细节和变化。从图 3.4 还可以看出 250 m 空间分辨率的 MODIS NDVI 数据可以应用于不透水面制图，但是在郊区更容易与

裸土背景混淆，区分度不高。再者植被数据易受地理因素和环境因素的影响，诸如裸土、水分和不同土地覆盖类型都会影响植被数据用于不透水面密度制图精度。融合变量 NISI 能反映城市不透水面，并且在城区的细节也展现出来，相对灯光数据提高了空间分辨率，能更好地区分城市不透水面和周边的裸土地，与高分辨 Landsat 获取的不透水面分布结果也最为相似。

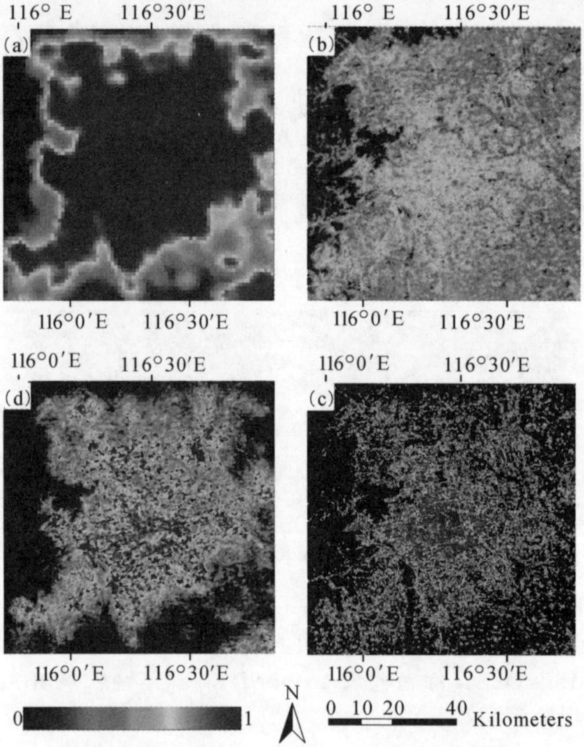

（a）基于 DMSP-OLS$_{nor}$ 估算不透水面；（b）基于 NDVI$_{mean}$ 估算不透水面；（c）基于 NISI 估算不透水面；（d）Landsat 8 OLI 提取不透水面参考数据。

图 3.4 位于北京同一地区的三种变量估计不透水面估算结果和参考数据对比

前面讨论了 HSI，VANUI 和本文提出的新的合成变量 NISI 的优缺点。虽然 HIS 可以较好地量化城市不透水密度信息，但当 DMSP-OLS 值为 63，而 NDVI 为 0 时，HSI 不成立。这里选择 NISI 与合成变量 VANUI 作对比，通过 DMSP-OLS$_{nor}$ 和 NDVI$_{mean}$ 每隔 0.1 计算得到相应的 VANUI 和 NISI 值来描述两种变量的变化趋势，结果如图 3.5 所示。图 3.5 说明当 DMSP-OLS$_{nor}$ 值越大，NDVI 值越小时，对应的 VANUI 和 NISI 就越大。因此，对于灯光数据较强植被较小的城市核心区来说，两者都能够突出城市核心区，当 VANUI 和 NISI 的值越大就越能突出城市核心区的不透水面空间。对比 VANUI 和 NISI 所不同的是，NISI 融合变量表现出对核心区更敏感，压低了低密度不透水面区域，使高低不同的不透水面密度形成更为鲜明的对比，可以有效地将城市核心区与郊区区分开来。

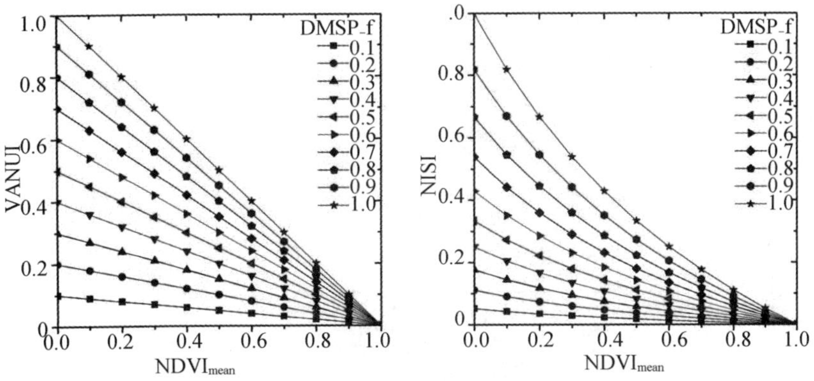

（a）VANUI 与变量 NDVI$_{mean}$ 和 DMSP-OLS$_{nor}$ 关系图

（b）NISI 与变量 NDVI$_{mean}$ 和 DMSP-OLS$_{nor}$ 关系图

图 3.5　VANUI 和 NISI 与变量 NDVI$_{mean}$ 和 DMSP-OLS$_{nor}$ 关系图

通过上面的定性分析，已经表明 NISI 融合变量比单变量和现有的融合变量有更好的不透水面制图表现。下面来对 NISI 用于不透水面制图进行定量分析，同时与其他两种单变量 DMSP-OLS$_{nor}$ 和 NDVI$_{mean}$ 进行对比分析。首先对北京、成都、东莞-深圳、武汉、乌鲁木齐五个城市地区选取样点，建立基于三种变量的线性回归模型。如图所示 3.6 所示，通过回归模型得到的公式，根据建立的回归模型和输入遥感影像得到低分辨率不透水面估算结果。从图中可以看到植被数据用于大尺度不透水面制图，精度明显较低。说明 NDVI$_{mean}$ 变量并不适合大尺度的不透水面制图，尤其对植被缺乏，裸土和沙漠占多数的干旱/半干旱城市。

Equation	y=a+b*x		
Adj.R-Square	0.54431		
		Value	Standard Error
DMSP-OLS	Intercept	0.37875	0.00973
DMSP-OLS	Slope	0.73913	0.01869

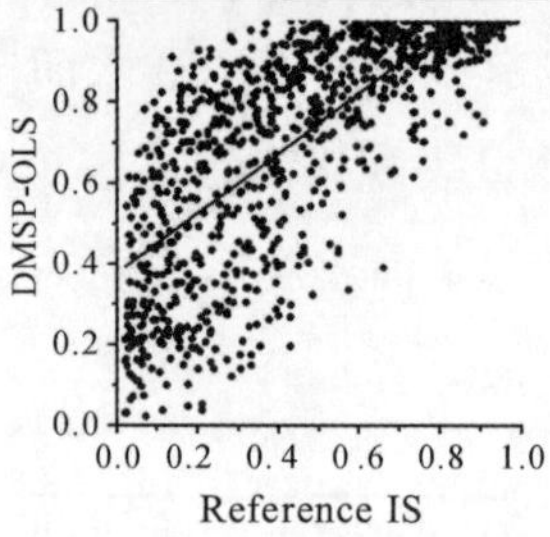

（a）DMSP-OLS

Equation	y=a+b*x		
Adj.R-Square	0.47264		
		Value	Standard Error
NDVI	Intercept	0.59278	0.00492
NDVI	Slope	-0.33976	0.01096

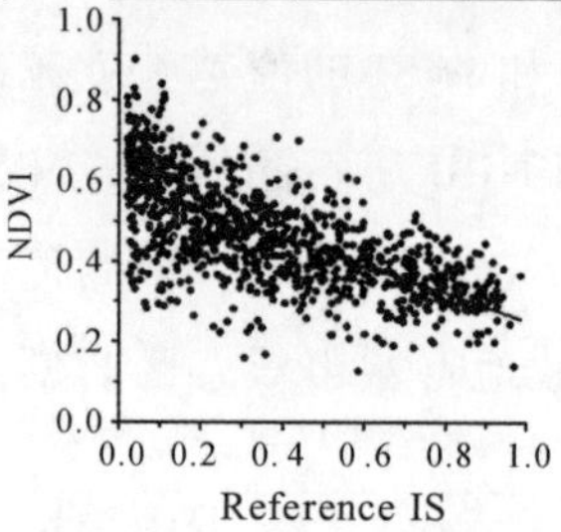

（b）NDVI

Equation	y=a+b*x		
Adj.R-Square	0.62746		
		Value	Standard Error
NISI	Intercept	0.12286	0.0049
NISI	Slope	0.46387	0.01092

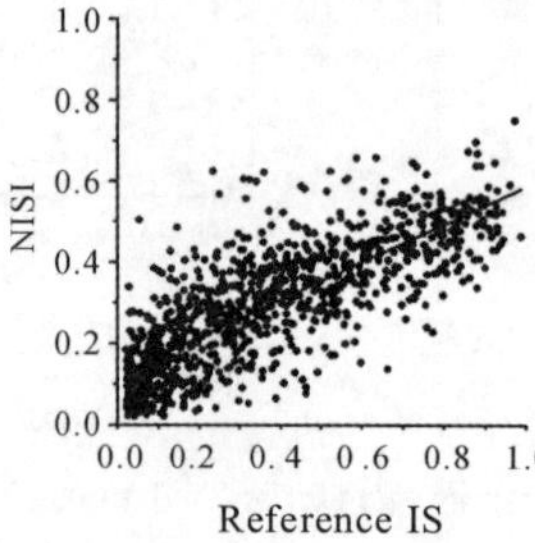

（c）NISI

图 3.6　基于三种变量的回归模型

通过哈尔滨，昆明，兰州，上海和郑州五个城市的样点分析不透水面制图精度。整体估计精度如表 3.3 所示，从整体上可以看出，基于 NISI 的方法是三者当中最好的，有最高的 *R* 值和最低的 RMSE 值。基于单变量 DMSP-OLS_{nor} 的估算结果稍差，而 NDVI_{mean} 的回归结果则是三者当中表现最差，说明合成变量可以融合两个单一变量的优点，在不透水面制图中好于任一单变量的估算结果。基于 NDVI_{mean} 变量的线性回归方法精度较低，

其中 R 值只有 0.67，RMSE 为 0.21，说明，单变量的 $NDVI_{mean}$ 数据虽然可以用于不透水面制图（Yang et al.2012；Yang et al.2014），但是对于大尺度的不透水面制图来说精度并不高。通过对比低分辨率的 DMSP-OLS_{nor} 数据用于不透水面估算精度（R 为 0.79，RMSE 为 0.17），说明 250 m 分辨率的植被数据进行不透水面制图精度低于 1000 m 分辨率的 DMSP-OLS 数据。主要原因是 DMSP-OLS 作为一种夜光数据，其范围主要集中在城市地区，而植被数据由于受到城市周边环境的影响并不能很好地表现出城市不透水面的空间分布，尤其是对干旱/半干旱地区和沙漠城市来说，其制图效果表现最差。因此对于不同生态环境的大尺度不透水面制图来说植被数据并不完全适用。NISI 变量作为两种单变量的融合，既能改进不透水制图的空间细节又能将分布于城市之外的非建成区排除。

表 3.3 基于 $NDVI_{mean}$，DMSP-OLS_{nor} 和 NISI 变量的线性回归不透水面精度评估对比

变 量	R	RMSE
DMSP-OLS_{nor}	0.79	0.168
$NDVI_{mean}$	0.67	0.207
NISI	0.81	0.166

不透水面的估算结果和相应的参考数据的散点图如图 3.7 所示，进一步表明基于 NISI 方法的不透水面制图的效果最好。相反，基于 DMSP-OLS_{nor} 方法虽然相较于植被数据有更好的回归结果，但是该数据仍然没有完全消除数据饱和问题，基于 DMSP-OLS_{nor} 线性回归方法在值为 0.65 左右已经出现饱和。由于该数据较低的空间分辨率和较小的量化级别，表明其不能很好地表现出不透水面的空间分布格局和空间纹理细节。

此外，为了验证新方法的鲁棒性，分别对用于验证的每个城市选取样本进行不透水面精度评估，结果如表 3.4 所示。从表里可以看出，基于 NISI 的方法在除了兰州之外的所有城市中比基于其他两种单独变量的方法估算效果更好。这种结果也说明 NISI 变量用于不透水面制图有很好的鲁棒性。$NDVI_{mean}$ 变量在哈尔滨、上海和郑州比 DMSP-OLS 表现更好，但是在兰州

地区效果较差，说明 $NDVI_{mean}$ 变量并不适合于裸土沙漠占多数、植被缺乏的干旱/半干旱城市的不透水面制图。基于 $DMSP\text{-}OLS_{nor}$ 变量方法在不同城市都表现出了可靠的不透水面密度估算结果，但是相对于 NISI 方法仍然精度稍差，并且由于 DMSP-OLS 数据本身分辨率较低，并不能反映出城市不透水面的空间分布细节。

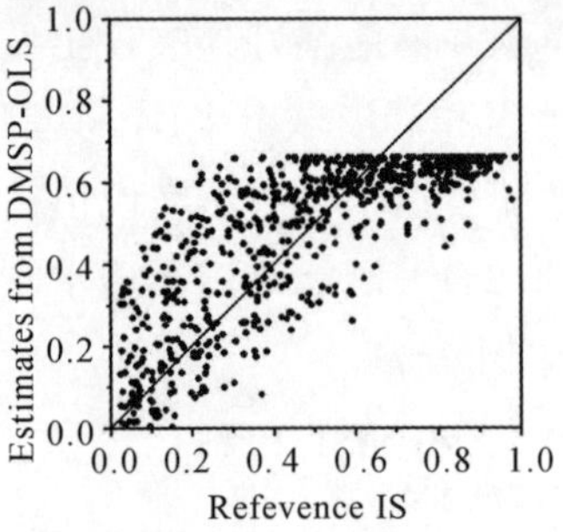

（a）$DMSP\text{-}OLS_{nor}$ 得到的估计值

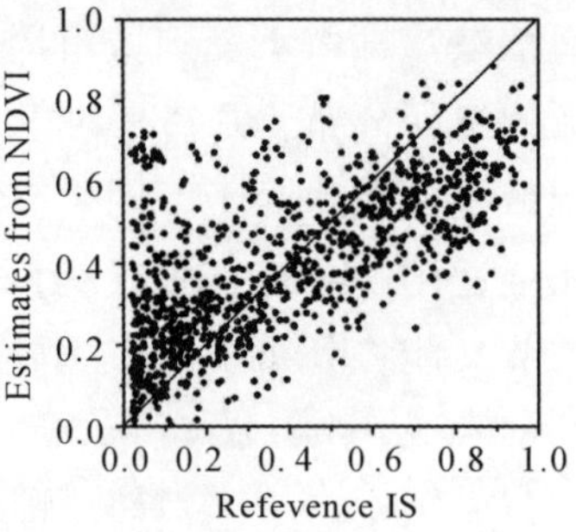

（b）$NDVI_{mean}$ 得到的估计值；

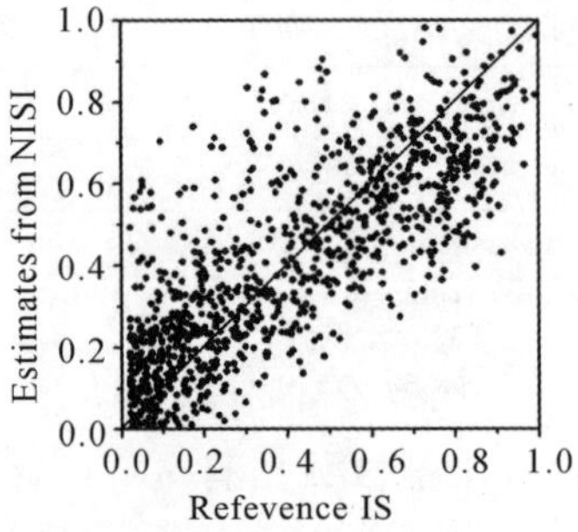

（c）NISI 得到的估计值

图 3.7　三种数据变量得到的不透水面估计值和相应的参考数据之间的关系

表 3.4　三种变量在不同城市的精度分析结果对比

城市	$DMSP\text{-}OLS_{nor}$		$NDVI_{mean}$		NISI	
	R	RMSE	*R*	RMSE	*R*	RMSE
哈尔滨	0.79	0.144	0.90	0.114	0.90	0.116
昆明	0.83	0.158	0.80	0.161	0.84	0.148
上海	0.72	0.160	0.87	0.137	0.89	0.126
郑州	0.82	0.148	0.88	0.121	0.91	0.109
兰州	0.80	0.192	0.49	0.280	0.78	0.202

为了更好地描述不透水面估算效果，选定用于建模的北京、成都、东莞-深圳、乌鲁木齐和武汉五个不同经济发展水平和地理位置的城市和地区，对比不同的变量估算的不透水面在每个城市的空间分布情况。如图 3.8

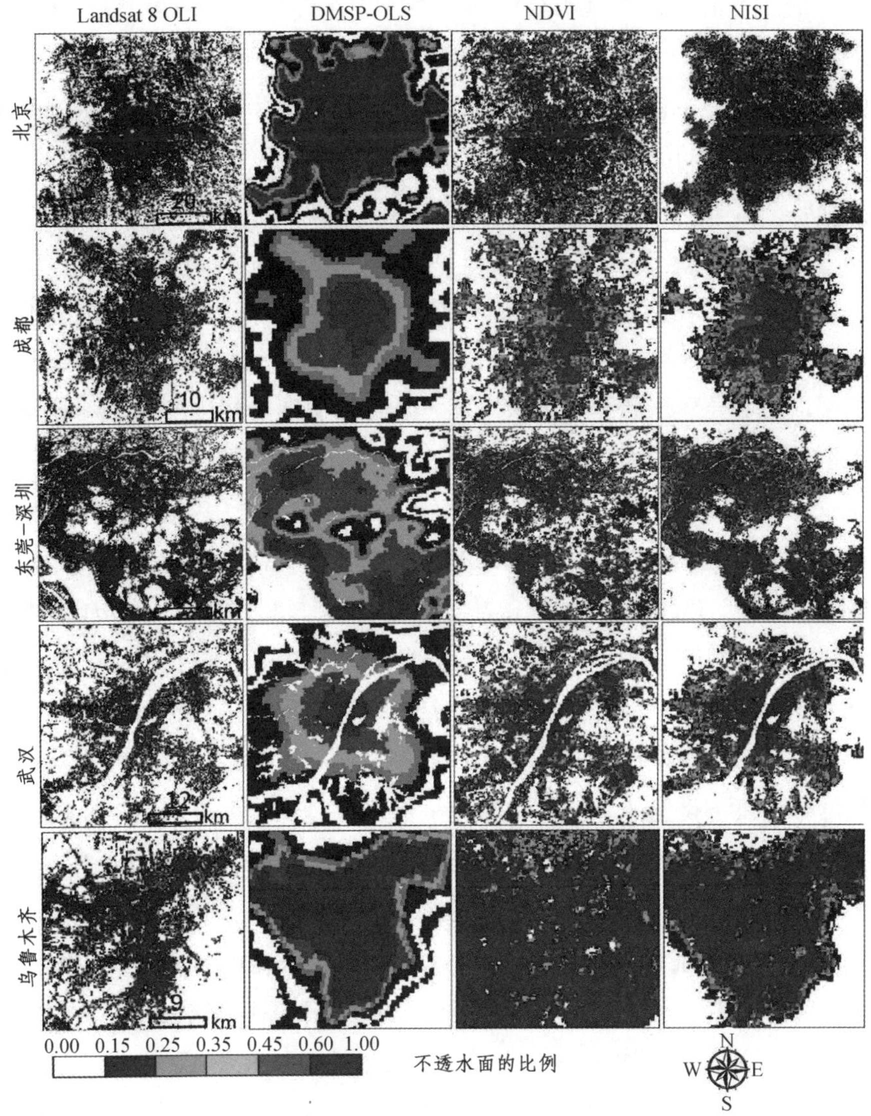

图 3.8 城市间不透水面估计结果

所示，基于 DMSP-OLS$_{nor}$ 方法由于数据本身固有的低分辨率和饱和的原因，在每个研究区城市的城市核心区都不能有效地反映出城市不透水面的空间分布格局。MODIS NDVI$_{mean}$ 则受到地理因素和环境因素的影响，在大尺度研究中并不适用，可以明显看到，位于中东部的城市采用基于 MODIS NDVI 的方法可以得到较好的不透水面估计结果，而处于西部的城市如乌鲁木齐，其估计结果则较差。基于 NISI 的方法突出了从城市核心区到城市郊区的不透水面制图空间格局，并且能改进空间分辨率和较高的量化等级，有较好的不透水面制图效果，适用于大尺度不透水面制图，具有较好的鲁棒性。

由于 DMSP 数据本身固有的问题，如空间分辨率较低导致的混合像元问题（原始数据空间分辨率 2.7 km）还是量化较低导致的数据饱和问题（6 比特），往往导致该数据进行大尺度不透水面制图时精度不高[38]。因此，基于单变量的 DMSP-OLS 数据得到的不透水面空间分布结果并不理想，不能表现出城市不透水面的空间细节[53]。而有研究采用了 DMSP-OLS 和 MODIS NDVI 相结合的方式进行不透水面制图，其制图精度较高，并且有较好的适用性。Lu 等首先提出了基于 DMSP-OLS 和 MODIS NDVI 的人居环境指数 HSI 用于中国东南部不透水面制图，得到了比以往基于单变量 DMSP-OLS 和 NDVI 较好的效果（包括改进的空间格局和估计精度）[53]。Zhang 等进一步提出了植被校正归一化城市指数用来改进不透水面估计[8]。这些结合变量都是基于低分辨的影像（例如，1 km 空间分辨率）和较小的数据动态变化范围（DMSP-OLS 数据为 0 ~ 63），分析发现 HSI 对 NDVI 和 OLS 较为敏感，但是此指数当 OLS 为 63 且 NDVI 为 0 时公式不成立，并且 HSI 指数很难解释其意义。VANUI 对减轻 DMSP-OLS 数据的饱和作用非常显著，并且进行不透水面制图时其相关系数 R^2 也比 HSI 高。VANUI 很容易理解，因为 NDVI 与不透水面呈负相关，1-NDVI 则可以保证值在 0~1 之间的同时与不透水面呈正相关。但是 VANUI 在城市核心区表现并没有本书提出的 NISI 敏感。并且 HSI 和 VANUI 以上两个变量都是基于

DMSP-OLS 数据和相同分辨率的 NDVI 数据（1 000 m MODIS NDVI），往往不能更好地表达出不透水面的空间分布细节。因此研究中提出了 NISI 这一新变量——DMSP 和更高分辨率 MODIS NDVI 融合。由于该融合指数包括了动态变化范围较高的 250 m 空间分辨率的 MODIS NDVI 和传统的 DMSP-OLS 数据，可以显著改善不透水面估算精度。NISI 变量结合了 DMSP-OLS 和 MODIS NDVI 两个变量之间的优点，即 DMSP-OLS 能有效地反映出城市和非城市地区的不同。NISI 不仅具有代表城市信息的夜间灯光数据，而且也包括了植被数据更高的空间信息，保证了空间细节。同时两种数据范围覆盖，适合大尺度不透水面制图。除此之外，研究还表明基于 NISI 变量的不透水面估计方法在不同的城市具有更好的鲁棒性，因此 NISI 方法适合大尺度快速精确的不透水面制图。

本节主要是分析了 DMSP-OLS 和 MODIS NDVI 的特点，通过分析数据提出了一种基于上述两种变量的新的融合指数，即归一化不透水面指数 NISI，并将该指数用于中国区域尺度的不透水面制图研究，通过建立该指数与高分辨率遥感影像提取的参考不透水面之间的回归关系，估算出中国区域的大尺度不透水面空间分布。通过对比分析发现该指数得到的不透水面估算结果不仅能够改善不透水面制图精度还能有效地表现出城市不透水面的空间分布信息，并且该指数具有很好的鲁棒性，适用于不同地理分布和自然生态环境的城市不透水面制图研究。

3.2 VIIRS-DNB 与 MODIS NDVI 不透水面制图研究

不透水面被定义为任何人工建造的，诸如建筑物、停车场、高速公路和街道等，水不能透过的硬化表面[1,19,23,28]。在过去的几十年当中，全球人口的增长和经济的发展带动了城市化的快速发展，并使得不透水面快速增加。中国作为最大的发展中国家，借助于经济开放政策，城市化的进程表现尤为突出。与此同时，局部、区域甚至全球尺度的不透水面快速增加已经带来了严重的生态和环境难题[96,98]，如植被退化[144]，水体污染[1]，气候变化[95,97,145]和城市热岛等[24,96]。因此，在过去的二十年当中不透水面的分布及变化已经受到越来越多的关注[103]。

基于高分辨率遥感影像对某些特定城市的研究，如 QuickBird，IKONOS，Landsat 和 ASTER[28]，其研究区域范围较小。考虑到区域或者全球尺度的不透水面制图所需要的人力和财力，低分辨率的遥感影像如美国国防气象卫星计划携带的 OLS（DMSP-OLS）和 MODIS 则更为合适，它们属于目前两种普遍应用于大尺度不透水面制图的变量，即夜间灯光数据和植被数据，近些年已经被应用到相关研究中[69-71]。由于植被指数与不透水面在城市中的反相关关系，MODIS NDVI 已经被用到不透水面制图研究中[68,72,138]。但是城市区域的植被分布易受到地形，气候，人口，经济和文化的影响，因此，单独使用 MODIS NDVI 的大尺度不透水面制图精度往往不高[146]。尤其是城市间的植被分布往往受到地理因素和环境因素的影响差距更大。夜间灯光数据 DMSP 搭载的线性扫描业务系统（DMSP-OLS）和美国 Suomi 极轨卫星伙伴计划（Suomi National Polar-orbiting Partnership，SNPP）的可见光红外辐射成像仪的白天/夜间波段（Visible Infrared Imaging Radiometer Suite's Day/Night Band，VIIRS-DNB）能有效地在大尺度范围记录人类的生产活动，它们已经被广泛应用于人口估算、能源消耗、国内生产总值评估和不透水面制图的研究中[108,114,123,147,148]。同植被数据一样，夜间灯光数据也容易受到研究区经济条件、图像混合像元和数据饱和的影响（尤其是对于 DMSP-OLS 数据）[38,149]。自从 1992 年 DMSP-OLS 以免费的方式发布以来，该数据在相关的区域和全球尺度不透水面制图研究中得到了广泛应用[31,50,64,65,94,150]。尽管如此，原始的 DMSP-OLS 数据仍然是 2.7 km 的分辨率，6 比特的量化动态变化范围（0 ~ 63）。混合像元问题和数据饱和始终是影响 DMSP-OLS 大尺度不透水面制图精度的重要因素。2011 年 4 月发射的 SNNP VIIRS-DNB，相比于 DMSP-OLS 有许多优点：如改进的空间分辨率（VIIRS-DNB 为 375 m 和 750 m 两种模式，相对于 DMSP-OLS 的 2.7 km）和更大的数据动态范围（VIIRS-DNB 为 14 比特，相对于 DMSP-OLS 的 6 比特），VIIRS 传感器与 NPOESS 其它传感器协同定位，并且消除了交叉跟踪产生的像素大小变化。新一代的夜间灯光数据 VIIRS-DNB 2013 年初发布出来，该数据已经被应用到电能消耗和经济因子的估算研究中[33,82,83,107,125]。有理由相信 VIIRS-DNB 在进行大尺度不透水面制图时会表现出比 DMSP-OLS 更高的空间细节和制图精度。

已有许多大尺度不透水面制图研究都采用基于 DMSP-OLS 数据的阈值法[64,92]。自从 Lu 等使用 DMSP-OLS 与 MODIS NDVI 相结合的方式用于估算中国东南部的不透水面密度分布，研究者们已经发展了很多基于 DMSP-OLS 和 MODIS NDVI 或者 SPOT VGT 等结合的方式来改善大尺度不透水面制图的估计精度[8,53,55,73,75]。然而，低分辨率的 DMSP-OLS 数据不能有效地表现空间细节。相比于 DMSP-OLS，具有改进空间分辨率的 VIIRS-DNB 和更高分辨率的 MODIS NDVI 将为大尺度不透水面制图提供新的手段。因此，本研究的主要内容是提出结合 VIIRS-DNB 和更高空间分辨率的 MODIS NDVI 数据进行大尺度不透水面制图，改善不透水面的空间细节和估算精度[151]。

3.2.1 研究区概述及数据源选择

截至 2011 年，已经有将近 50%的中国人口居住在城市地区（中国国家统计局，2012）。在过去的 30 年，中国正经历着快速的城市化过程[29]。由于城市快速的发展变化影响着城市规划并对管理者提出了更高的要求，有必要对不透水面的空间分布进行快速更新。本研究选择整个中国区域作为研究对象，由于中国广大的地域范围包含了不同人口密度、经济条件和文化习俗，形成了不同城市景观类型，因此同时选取了六个典型城市——北京、成都、昆明、上海、武汉和乌鲁木齐作为研究的示例来验证变量的通用性和精度。北京和上海是中国最大的两个超级大城市，有着最多的人口和最高的城市地区生产总值；武汉和成都是分别位于中国中部和西部的大都市；昆明和乌鲁木齐是分别坐落于中国西南和西北地区。表 3.5 提供了以上六个城市的人口、地区生产总值和区域面积的汇总。

表 3.5　六个城市的人口、地区生产总值和区域面积的汇总（2012）

城　市	人口/百万	GDP/十亿人民币	面积/km²
北京，中国北部	20.69	1 780.1	16 800.00
上海，中国东部	23.80	2 010.1	6 340.50
武汉，中国中部	10.12	800.3	8 494.41
成都，中国西部	11.73	813.8	12 390.00
昆明，中国西南部	6.53	301.1	21 001.28
乌鲁木齐，中国西北部	3.35	206.0	15 173.13

研究选用三种类型遥感数据—VIIRS-DNB（两月合成产品），MODIS 16 天 NDVI 合成产品（MOD13Q1）和 Landsat 8 OLI 多光谱遥感影像数据（见表 3.6）。VIIRS-DNB 和 MODIS NDVI 数据获取于 2012 年，Landsat 8 OLI 图像获取于 2013 年，因为 2012 年没有相应的 Landsat OLI 数据。

表 3.6　研究中采用的遥感数据

数　据	获取时间	描　述
VIIRS-DNB	2012 年 4 月和 10 月的两个月合成产品	光谱范围 500~900 nm；对夜晚的较低水平的可见光有极高的放大能力，空间分辨率 743 m
MODIS NDVI（MOD13Q1）	16 天 MODIS NDVI 合成产品，主要是集中在 2012 年生长季节的 4 月份和 10 月份数（h23v04-h23v05，h24v04-h24v05，h25v03-h25v06，h26v03-h26v06，h27v04-h27v06，h28v05-h28v07，h29v06）；总景数：247	格网化 level-3 产品，250 m 空间分辨率
Landsat 8 OLI 影像	path/row：获取时间 123/32: 1 September 2013 118/38: 29 August 2013 123/39: 12 May 2013 129/39: 20 April 2013 129/43: 20 April 2013 143/29: 28 August 2013	除去第 1 波段的 6 个 30m 分辨率的多光谱波段和一个 15m 分辨率的全色波段。另外两个 100m 分辨率的红外波段由于其分辨率较低也排除使用

注释：VIIRS-DNB 数据下载源自美国国家地理数据中心（National

Geophysical Data Center，NGDC）（VIIRS-DNB，2014）；MODIS NDVI 多时相数据下载源自 NASA 戈达德空间飞行中心（NASAGoddard Space Flight Center，GSFC）（MODIS NDVI，2013）；Landsat 8 OLI 影像下载源自美国地质调查局网站（United States Geological Survey，USGS）（http://earthexplorer.usgs.gov/）。

3.2.2 VIIRS-DNB 与 MODIS NDVI 不透水面制图方法及流程

图 3.9 说明了结合使用 VIIRS-DNB 和 MODIS NDVI 数据进行大尺度不透水面制图的基本框架。单变量的 VIIRS-DNB 和 MODIS NDVI 被用来作为对比变量，样本选用同一套数据。步骤主要包括：① 从所选城市的 Landsat 8 OLI 数据提取 ISA 参考数据；② 构建基于 VIIRS-DNB 和 MODIS NDVI 的新不透水面指数；③ 建立回归模型用于不透水面密度估算；④ 不透水面精度评价。

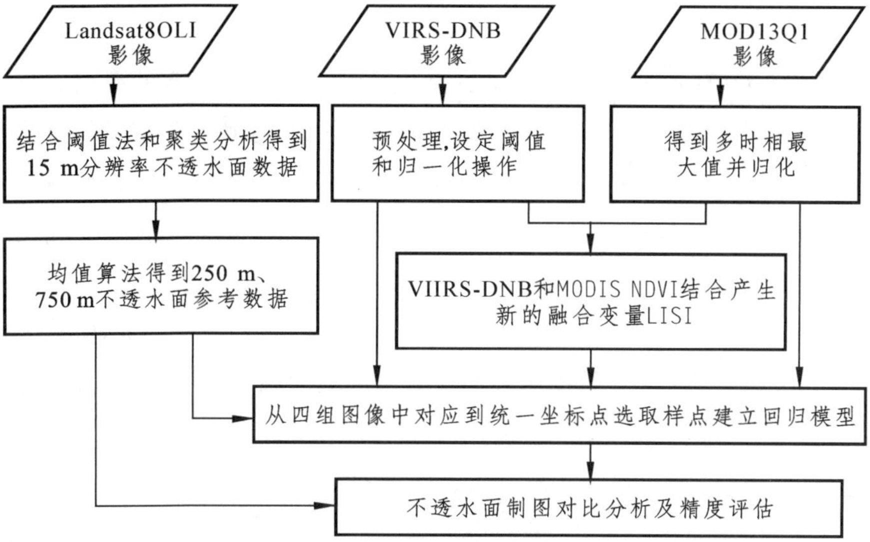

图 3.9 LISI 进行大尺度不透水面分布制图流程图

1. 不透水面参考数据处理

Landsat 8 OLI 是横轴墨卡托投影（The Universal TransverseMercator, UTM），为了方便研究中制图的需要，将坐标采用最邻近法重投影到 Arbers 坐标系下。通过结合使用阈值和聚类分析的方法提取不透水面参考数据。其过程如下：首先计算得到 Landsat 的 NDVI 和 NDWI 两种指数影像，并用两种影像掩膜去除多光谱图像中的植被和水体组分，通过对植被和水体样本的分析，植被阈值选择 0.3，水体阈值选择 0.1 时掩膜去除效果最佳，经过掩膜操作之后的多光谱影像主要是不透水面和沙土等光谱信息。然后，对剩余的光谱信息进行聚类分析，采用 ISODATA 方法将剩余的多光谱影像分为 100 类。通过对比 Google Earth 的高分辨率影像进行解译，最终分为两类，即不透水面和非不透水面。最后，得到的分类不透水面数据仍然需要进一步的评估，将原始的多光谱假彩色合成影像与不透水面分类结果进行叠合分析确定图像分类的精度和质量。

2. 不透水面指数 LISI 的建立

VIIRS-DNB 数据是地理坐标系统（Lat/Lon），为了方便研究，将上述坐标系统重投影到 Albers 坐标系统下，并基于最小临近法将数据重采样到 750 m×750 m 像素大小。因为 VIIRS-DNB 数据包含火光、天然气燃烧、火山等背景噪声，研究中必须将上述影响因素去除才能将数据用于大尺度不透水面制图，研究中采用阈值 0.5 除去其噪声背景影响。虽然 VIIRS-DNB 有很高的量化级别，但是大部分的数据仍然处于 65 以下，因此选用 65 作为最大值。这意味着影像中所有的像素灰度值如果有高于 65 则被赋值成 65。为了与参考数据保持相同的动态范围，对处理后的 VIIRS-DNB 数据再进行归一化处理，归一化的公式如公式（3.11）所示：

$$DNB_{nor} = \frac{DNB - DNB_{min}}{DNB_{max} - DNB_{min}} \qquad (3.11)$$

其中 DNB_{nor} 是归一化的 VIIRS-DNB 影像，其取值范围处于 0 到 1 之间；

DNB_{min} 和 DNB_{max} 分别为最小值 0 和最大值 65。

MODIS NDVI 数据（MOD13Q1 产品：250 m 分辨率 16 天合成产品）是正弦投影，为了方便统一坐标系统，将之重投影到 Albers 投影坐标系下，投影过程中采用最邻近法对数据进行重采样。理论上 NDVI 图像值的取值范围是-1~+1。由于低分辨率的 MODIS NDVI 在陆地覆盖类型中并不包括水体，因此认为在生长季节的 NDVI 处于 0~+1 之间，这样可以去除水体的影响。

既然非植被土地覆盖类型比如农田（这里指收获之后的裸土地）、水体和不透水面在 NDVI 影像中表现为相似的值，因此有必要区分上述不同地物。其中一个有效的方法就是采用多时相 NDVI 取最大值[53]，如公式（3.12）：

$$NDVI_{max} = MAX[NDVI_1, NDVI_2, \cdots, NDVI_n] \tag{3.12}$$

其中 $NDVI_1, NDVI_2, \cdots, NDVI_n$ 为多时相 MOD13Q1 NDVI 影像获取于 2012 年。另外公式（3.12）的一个重要作用是去除云污染。因此最后的 $NDVI_{max}$ 是无云数据，且取值范围介于 0 到 1 之间的归一化影像。

在城市景观中，植被丰度是与居住区格局密切相关的[54]；因此，植被指数常用来估算城市不透水面。然而，非植被的土地覆盖类型，比如裸土、水体也常常存在城市之中或者是城市周边区域，并且与 NDVI 影像中不透水面表现相似的值。因此，单独的 NDVI 数据很难直接应用于分离不透水面和水体土壤等地物覆盖类型。相反的，夜间灯光数据代表了城市区域，与其他地区非城市区域有着相当明显的区分特征，但是这种数据也容易受到经济发展水平的影响。因此，结合使用灯光数据和植被数据两种数据，可以使两者互为补充，并且已经有研究证实了两者结合用于大尺度问题研究的可行性。

最常用的两个融合指数——人居环境指数（Human Settlement Index，HSI）和植被校正归一化城市指数（Vegetation Adjusted Normalized Urban Index，VANUI）——已经被提出来应用到大尺度不透水面提取的研究中[8,53]。这两个指数都是采用 DMSP-OLS 和相同空间分辨率（1 000 m）的 MODIS NDVI 作为变量。这里提出一个新的融合变量，即大尺度不透水面指数（Large-scale Impervious Surface Index，LISI），该指数基于 750m 分辨率的 VIIRS-DNB$_{nor}$ 数据和 250 m 分辨率的 MODIS NDVI$_{max}$ 数据，LISI 表示如公式（3.13）：

$$LISI = (1 - NDVI_{max}) \times \sqrt{DNB_{nor}} \tag{3.13}$$

因为 NDVI$_{max}$ 与不透水面呈负相关，1-NDVI$_{max}$ 则可以保证值在 0~1 之间的同时与不透水面呈正相关。相比于 DMSP-OLS 数据，VIIRS-DNB 有更高空间分辨率和动态变化范围，也正因如此，图像上的一些物体如机场和新建高层建筑物都表现出很高的亮度值[83]，公式 $\sqrt{DNB_{nor}}$ 则起到平滑作用。结合 $\sqrt{DNB_{nor}}$ 和 $(1-NDVI_{max})$ 变量不仅可以突出城市不透水面信息而且改进了图像空间分辨率。作为对比分析，图 3.10 说明了两者结合之后产生了具有改进效果地新变量。

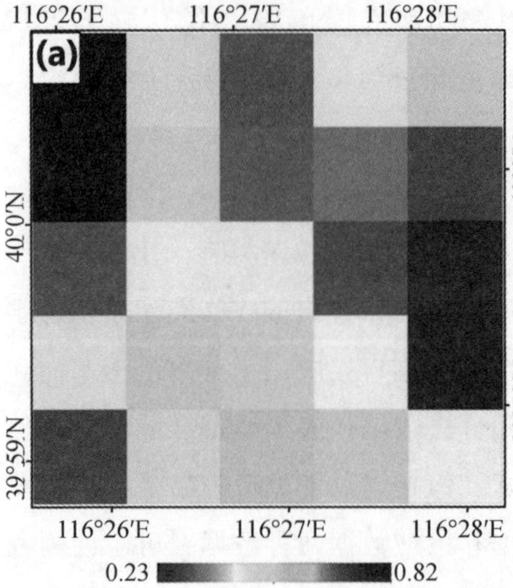

（a）750m 空间分辨率的 VIIRS-DNB

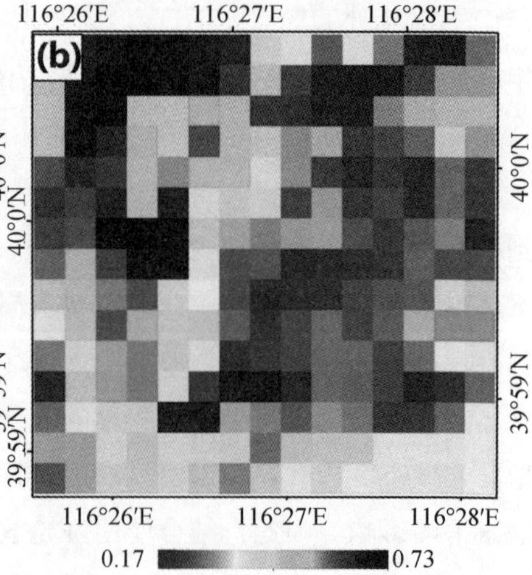

（b）250m 空间分辨率的 1-NDVI$_{max}$

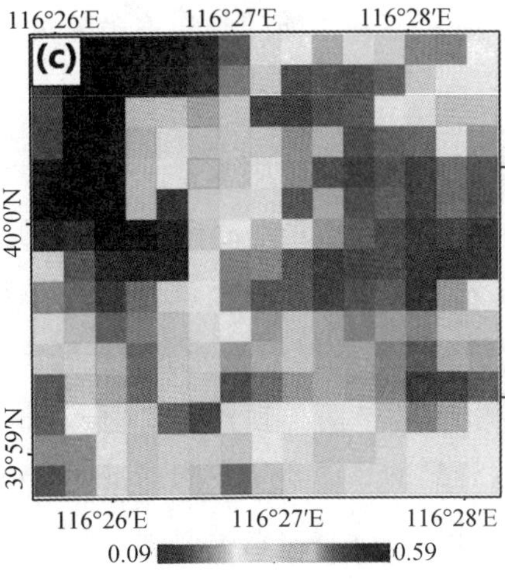

（c）改进空间分辨率的 LISI（250 m）

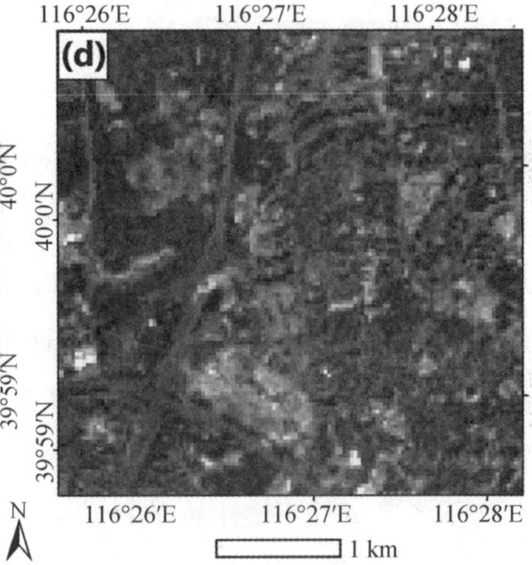

（d）15m 空间分辨率彩色合成 Landsat 8 OLI 影像

图 3.10　四种变量在北京一处的对比分析

3. 回归模型用于不透水面分布制图

DMSP-OLS 数据用于大尺度不透水面制图往往采用阈值法，这是与其数据特点决定的，即较低的空间分辨率和动态量化范围。而 VIIRS-DNB 作为具有更高空间分辨率和量化级别的数据，本身能反映出城市的空间细节，因此研究中采用区别于阈值法的线性回归分析方法来建立不透水面估计模型。因变量是 Landsat 8 OLI 获取的高分辨的不透水面数据，分辨率为 15 m，为了与低分辨率数据建立关系，采用均值法将 15m 分辨率数据分别降到 250 m 和 750 m 以匹配具有相同像素大小的 LISI，1-$NDVI_{max}$（250 m）和 VIIRS-DNB_{nor}（750 m）。对于自变量，分别是 VIIRS-DNB_{nor}，1-$NDVI_{max}$ 和 LISI。为了建立回归模型，采用随机选点方法对每个选取的城市进行随机选取样本点，六个城市中每个平均选取 800 个样点，总共选取 4 800 个样点。将这些点对应到相同坐标位置的 VIIRS-DNB_{nor}，1-$NDVI_{max}$，LISI 和参考数据并分别提取对应的数据值。选取的样点当中，3 600 个样点用于建模，剩余的 1 200 点用于模型验证评价不透水面估算精度。相关系数（R^2）被用来评估回归模型的适用性。同时选取典型的三个城市作为对比，分析不透水面的空间格局分布。

4. 不透水面估计值进行评估

总体精度、kappa 系数、生产精度和用户精度常被用来基于像素分类的精度验证[118]，然而这些方法对不透水面密度估算并不适用[28]。正如已有研究提出，使用相关系数 R 和均方根误差 RMSE 来进行大尺度不透水面密度的结果评价较为适宜[20,21]。为了评价整个中国区域的不透水制图精度，还将选择的五个城市的不透水面密度分为五个等级——极低、低、中、高、极高，平均每 0.2 作为一个分段间隔。这样做的目的是用不同的精度分析方法将不同等级的不透水面估算结果进行评估，确定误差来源。

3.2.3 VIIRS-DNB 与 MODIS NDVI 不透水面制图结果及精度分析

通过对比三种回归模型（见图 3.11）的 R^2 值可以发现，基于 LISI 的回归模型表现最好，而基于 1-$NDVI_{max}$ 回归模型表现最差，这两种变量所对应的 R^2 值分别为 0.65，0.32。这说明 NDVI 易受到环境和地理因素的影响，如裸土、水分和不同的土地覆盖类型等，影响了该变量用不透水面制图的精度。研究表明基于单变量 MODIS NDVI 数据对中国区域的不透水面制图并不适用，因为中国区域覆盖范围较大，西部和东部形成巨大的植被覆盖差异。虽然 VIIRS-DNB 在不透水面制图方面表现比单变量 NDVI 更好，但是其估计结果仍然受到经济条件、能源利用方式等方面的影响。目前中国大量不透水面集中在东南沿海地区和中部的大城市，只有少量不透水面分布位于中国西部和西北地区。不透水面制图结果还清楚地说明了高密度不透水面城市核心区和低密度不透水面的郊区在空间格局上表现出明显差异。

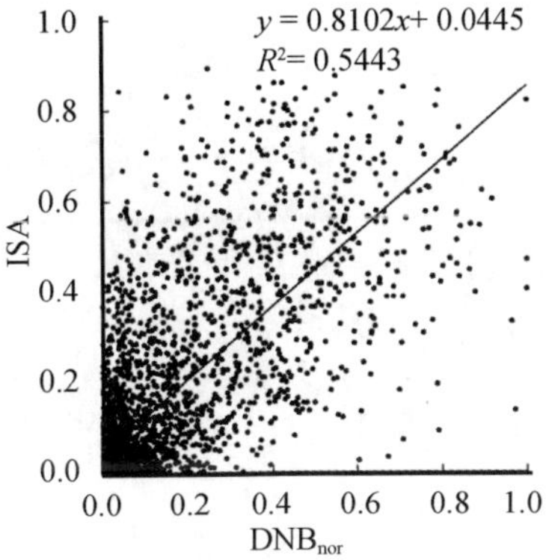

（a）不透水面和 VIIRS-DNB_{nor}

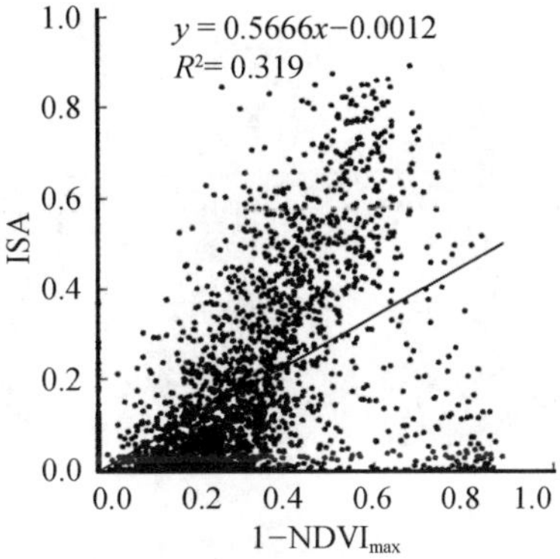

（b）不透水面和 1-$NDVI_{max}$

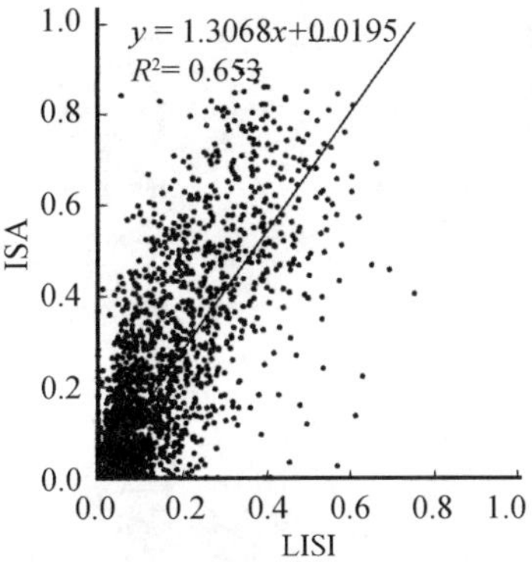

（c）不透水面和 LISI

图 3.11　不透水面参考数据与低分辨率数据相关关系

为了更好地说明不同的变量在不透水面密度估算方面的表现，选定北京、武汉和乌鲁木齐三个具有不同经济发展水平和地理位置的城市进行研究。北京和武汉分别位于中国北部和中部，相比于坐落于中国西北部且处于沙漠地区的乌鲁木齐，这两个城市具有较好的植被分布。通过对比不透水面空间分布（见图 3.12）说明基于 LISI 回归模型得到的不透水面的结果能更好地表现，该变量能有效区分城市核心区和周围较低密度不透水面的乡村区域。基于植被的回归方法不能有效表现出不透水面的空间分布，导致城市核心区不透水面的低估。图 3.12 表明基于 LISI 的方法在每个城市都能获得比 DNB 和 NDVI 更好的制图结果。

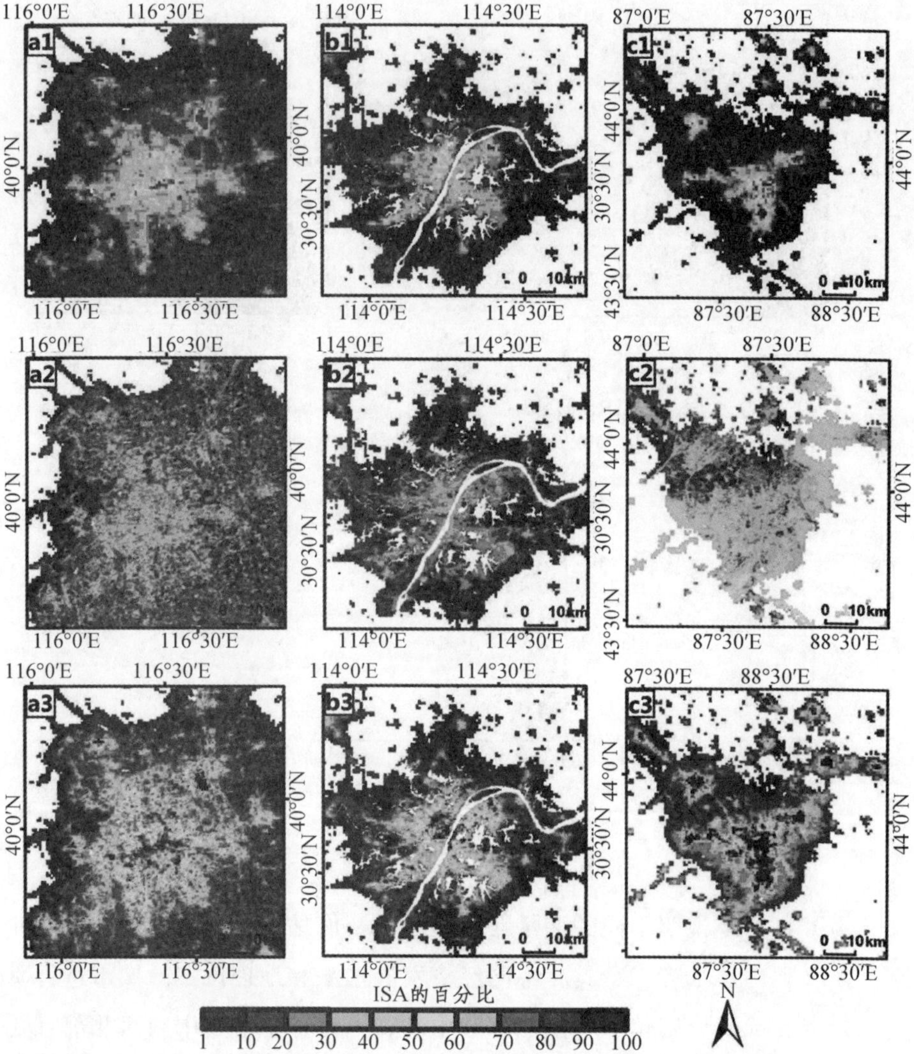

（a1 ~ a3）代表了 VIIRS-DNBnor 方法在北京，武汉和乌鲁木齐的分布；
（b1 ~ b3）代表了 1-NDVImax 方法在北京，武汉和乌鲁木齐的分布；
（c1 ~ c3）代表了 LISI 方法在北京，武汉和乌鲁木齐的分布。

图 3.12　三个城市的不透水面分布

总体精度估计结果如表 3.7 所示，表 3.7 说明基于 LISI 的方法提供了最好的精度，其 *R* 值为 0.81，RMSE 值为 0.11，相比于基于 1-$NDVI_{max}$ 方法有较大提高。估计值和参考值之间的散点图（见图 3.13）表明基于 VIIRS-DNB$_{nor}$ 的方法有较好的估计精度，而基于 LISI 的方法则表现最好。相反，基于 1-NDVI$_{max}$ 的方法则表现最差。

表 3.7 三种变量的整体估计精度对比

变量	R	RMSE
VIIRS-DNB$_{nor}$	0.729	0.132
1-NDVI$_{max}$	0.563	0.160
LISI	0.812	0.113

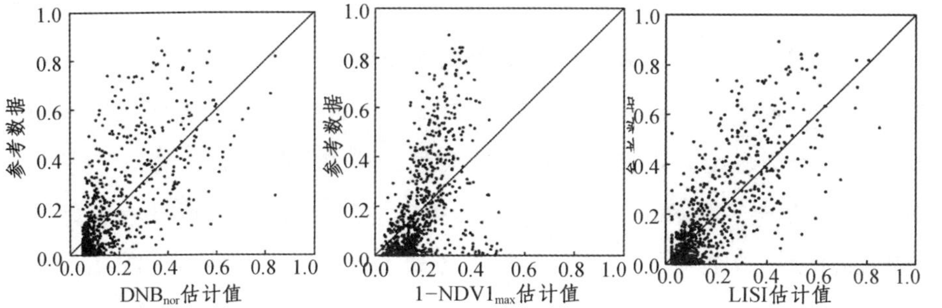

（a）VIIRS-DNB$_{nor}$ 得到的估计值 （b）1-NDVI$_{max}$ 得到的估计值 （c）LISI 得到的估计值

图 3.13 三种数据变量得到的不透水面估计值和相应的参考数据之间的关系

上述研究主要是基于整体的不透水面回归结果精度分析，但是并不能从细节上揭示由环境和不同经济发展水平产生的不透水面类型。表 3.8 总结了 RMSE 结果，将得到的不透水面制图结果分为五类——极低、低、中、高、极高，相应的取值范围：<0.2，[0.2，0.4），[0.4，0.6），[0.6，0.8）和≥0.8 五个档次。对比 LISI 方法在不同档次的 RMSE 值可以发现，当不透水面密度比较低和比较高的时候，基于 LISI 方法都表现更好，但是当不透水面密度为中等水平时（比如介于 0.4~0.6），基于 VIIRS-DNB$_{nor}$ 方法反而得到了更好的估算结果。表 3.8 还揭示单变量 1-NDVI$_{max}$ 并不适合整个中国地区的不透水面制图。当不透水面处于中等水平时，VIIRS-DNB$_{nor}$ 对不透水面制图更有价值。因此，对比三种变量得出基于 LISI 方法最适合大尺度不透水面制图。

表 3.8　对比基于三种变量的方法在五个水平等级的不透水面 RMSE 结果

分组	数据范围	RMSE		
		VIIRS-DNB$_{nor}$	1-NDVI$_{max}$	LISI
极低	<0.2	0.100	0.121	0.076
低	[0.2，0.4）	0.217	0.188	0.181
中	[0.4，0.6）	0.182	0.461	0.195
高	[0.6，0.8）	0.226	Null	0.179
极高	≥0.8	0.310	Null	0.215
总体		0.132	0.160	0.113

注释：Null 代表没有不透水面估计值.

R 和 RMSE 也被用来评估每个单独城市的不透水面估计值精度评估，结果总结如表 3.9 所示。对比结果再次说明，基于 LISI 的方法在所有城市的不透水面估算结果都好于其他两种变量方法，结果也说明 LISI 变量用于不透水面制图有很好的鲁棒性。1-NDVI$_{max}$ 变量在北京和成都有较好的不透水面密度估算效果，但是在乌鲁木齐却表现较差，说明 1-NDVI$_{max}$ 变量并不适合于裸土沙漠占多数、植被缺乏的城市的不透水面制图。基于 VIIRS-DNB$_{nor}$ 变量方法在不同城市都提供了可靠的不透水面密度估算结果，但是相对于 LISI 方法仍然分辨率较低、不透水面制图精度结果稍差。

表 3.9　三种变量在不同城市的精度分析结果对比

城市	VIIRS-DNB$_{nor}$		1-NDVI$_{max}$		LISI	
	R	RMSE	R	RMSE	R	RMSE
北京	0.744	0.170	0.845	0.136	0.883	0.119
上海	0.804	0.105	0.661	0.133	0.805	0.105
武汉	0.793	0.096	0.740	0.106	0.840	0.086
成都	0.801	0.104	0.801	0.104	0.844	0.093
昆明	0.739	0.109	0.764	0.104	0.822	0.092
乌鲁木齐	0.814	0.076	0.233	0.127	0.852	0.068

基于阈值法的 DMSP-OLS 数据经常被用来进行大尺度不透水面制图研究，但是由于该变量的混合像元问题（原始数据空间分辨率 2.7 km）和数据饱和问题（6 比特）往往导致不透水面制图精度低。由于 DMSP-OLS

数据受到不同城市经济条件和发展模式的影响较大，并不适合城市不透水面的密度制图。因此，基于 DMSP-OLS 数据得到的不透水面空间分布结果较差，不能表现出城市不透水面的空间细节。VIIRS-DNB 数据因为具有较高的空间分辨率和动态变化范围，减少了上述问题的影响。因此，基于 VIIRS-DNB 数据进行中国不透水面制图的整体 RMSE 精度达到了 0.13。由于 DMSP 数据本身固有的问题，之前的研究采用了 DMSP-OLS 和 MODIS NDVI 相结合的方式进行不透水面制图。不论是 Lu 等提出了基于 DMSP-OLS 和 MODIS NDVI 的人居环境指数 HSI 用于中国东南部不透水面制图，还是 Zhang 等进一步提出了植被校正归一化城市指数用来改进不透水面密度估算。融合变量虽然相对于单变量在制图精度上有所改进，但仍旧受制于数据本身的限制不能较好地突出城市不透水面。研究中提出了 LISI 这一新的融合变量——即 VIIRS-DNB 和更高分辨率的 MODIS NDVI 融合。由于该结合指数改进了空间分辨率和动态变化范围的 VIIRS-DNB 数据，并结合 250 m 空间分辨率的 MODIS NDVI，因此这一指数在更高分辨率的基础上改进了不透水面密度估算的效果。LISI 变量结合了 VIIRS-DNB 和 MODIS NDVI 两个变量之间的优点，即 VIIRS-DNB 能有效地反映出城市和非城市地区的不同，MODIS NDVI 能更好地捕捉到城市内部的组织结构（例如，不透水面组成，植被和水体）。除此之外，研究还表明基于 LISI 变量的不透水面估计方法在不同的城市都表现较好，具有更好的鲁棒性。该变量尤其对于不透水面密度所占比例很低或很高的部分制图效果更好，因此用于不透水面估计非常有前景。

早期基于 DMSP-OLS 的不透水面研究已经表明经济条件的不平衡往往对夜间灯光数据产生影响，因此，多阈值法常被用于不同城市（或局部）的不透水面制图研究。但是本研究表明 VIIRS-DNB 夜光数据可以在所有研究城市采用同一变量，而不用对每个城市单独设置阈值，其结果如表 3.9 所示。对于同一个城市，结合 RMSE（见表 3.9）和经济情况（表 3.5）进行分析，两者之间的散点图显示 RMSE 和地区生产总值之间的关系，即经济条件确实是影响不透水面估计精度的重要因素（见图 3.14）。例如，北京和上海在两座城市具有最多的人口和最大的地区生产总值，但是它们却有不同的空间景观格局特点和土地覆盖组合类型，这都影响了不透水面估算结果。使用单独的 VIIRS-DNB 数据的均方根误差 RMSE 当经济条件很高或很低时都表现很高（见图 3.14）。而 LISI 变量有效地解决了上述问题，是大尺度不透水面制图的推荐指数，建议研究者使用此变量用于不同的国家不透水面制图研究。再者，这项研究仅仅使用了线性回归模型，未来可以使用更多基于非参数的方法，例如基于支持向量机方法、神经网络方法等发展大尺度不透水面制图模型。

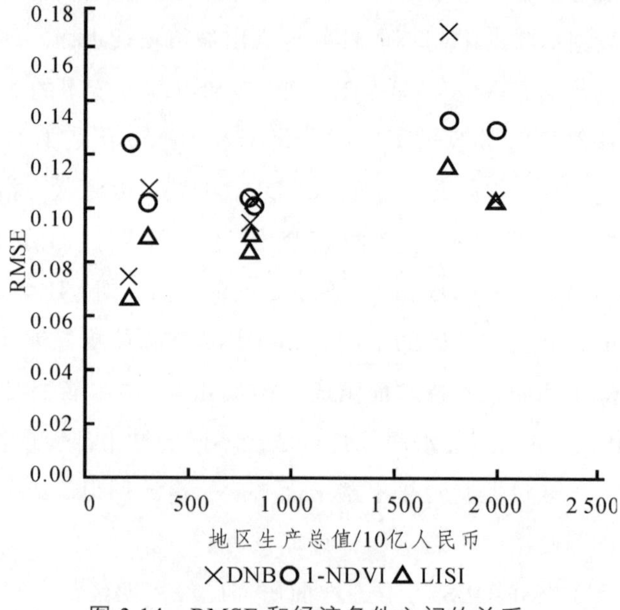

图 3.14　RMSE 和经济条件之间的关系

通过对比分析 VIIRS-DNB，MODIS NDVI 和提出的新的 LISI 融合变量用于大尺度不透水面制图，得到以下结论：

VIIRS-DNB 能被用来进行大尺度不透水面制图，总体 RMSE 为 0.13。然而，对于不透水面密度较高的部分则产生了更高的误差。除此之外，经济条件也影响了不透水面制图性能。这说明单变量的 VIIRS-DNB 数据进行不透水面制图时，如果研究领域涵盖城市景观具有明显不同的经济条件，可能会产生不准确的不透水面空间分布格局。

单变量的 MODIS NDVI 并不是大尺度不透水面制图的理想变量，尤其是当研究区域具有较低的植被覆盖密度和不透水面密度时，例如中国的西部干旱/半干旱地区。但是在西部的一些大城市如成都和昆明等植被覆盖较好的区域，通过 NDVI 估计得到的不透水面估计结果与 VIIRS-DNB 相当，甚至更优。这意味着 MODIS NDVI 在生态环境较好的研究区用于不透水面制图是有潜力的，因此研究区的恰当选取对基于该指数的不透水面制图非常重要。

提出的 LISI 变量结合了 VIIRS-DNB 和 MODIS NDVI 数据两者的优点，改善了透水面密度估算的效果，尤其改进了不透水面的空间分布格局。整体上，基于 LISI 的研究方法大大改善了不透水面制图结果。因此，LISI 是大尺度不透水面制图值得推荐的变量。

但是目前研究仅对上述数据采用了线性回归方法进行运算，基于机器学习语言的算法可能会有更好的回归效果。因此，未来的研究会对本文提出的这个问题作出验证。

本节主要围绕新的灯光数据VIIRS-DNB展开不透水面制图的研究。夜间灯光卫星VIIRS于2011年发射升空，2013年初可以下载到相应的夜间灯光数据，但VIIRS-DNB数据本身存在噪声和极值的问题，目前针对此数据的不透水面制图研究较少，主要对VIIRS-DNB做了阈值和归一化的预处理，通过结合更高空间分辨率的MODIS NDVI（250m）数据，提出了一种新的大尺度不透水面指数LISI（Large-scale Impervious Surface Index），使之用于大尺度不透水面制图研究，该指数相对于单变量的VIIRS-DNB和MODIS NDVI提高了不透水面制图的精度，并且很少受到经济发展水平的影响，适合大尺度不透水面密度制图的推广研究。

3.3 VIIRS-DNB 与 PROBA-V 不透水面制图分析

不透水面（ISA）是许多与城市研究相关的重要因子，如能源消耗、人口密度、经济条件、生活质量、空气污染和不同尺度的城市热岛研究[95-98，116，152，153]。已经有大量研究使用不同的遥感数据对 ISA 进行提取，从高空间分辨率图像（如 IKONOS、QuickBird）到中等分辨率图像（如 Landsat、ASTER）和低空间分辨率图像[28,103]。在区域和全球范围内，夜间灯光数据（DMSP OLS 和 SNPP VIIRS-DNB）已成为 ISA 制图的重要数据源[66,94,121]。然而，不同经济条件对夜间灯光数据值的影响、夜间灯光数据较低的空间分辨率、溢出效应以及复杂的城市和郊区景观，使得仅使用夜间灯光数据进行 ISA 制图精度不高。因此，许多研究已转向将夜间灯光数据和植被指数结合起来进行 ISA 制图[53,73,75,109]，这种组合已被证明在提高 ISA 制图精度方面是有效的，尤其是在城市和农村地区交界的城市景观。

自 Lu 等人（2008）提出基于 DMSP OLS 和 MODIS NDVI 数据组合的人类居住区指数用来估算中国东南部的 ISA 分数以来，人们对夜间灯光和植被指数（如 MODIS NDVI 或 SPOT VEG）的组合使用进行了大量研究。表 3.10 总结了基于夜间灯光和 NDVI 数据组合使用的主要光谱指数。这些指数已证明相比单独使用夜间灯光数据能更好地估算 ISA，并能较好地反映 ISA 空间分布细节。尽管 DMSP-OLS 和 MODIS 数据组合使用可以改进大尺度 ISA 制图，但是 DMSP-OLS 和 MODIS 数据具有较低空间分辨率，DMSP-OLS 数据存在饱和效应和外溢现象，这些都给城市 ISA 制图带来困难，尤其是在城市和郊区交界处的城市景观，其制图精度并不高[109]。与 DMSP-OLS 数据相比，VIIRS DNB 具有更高的空间分辨率（500 m）并且没有数据饱和现象，已被用于各种研究，如估算电力消耗和经济条件。Shi 等（2014）使用 VIIRS-DNB 数据，并且基于阈值法得到城市建成区制图[115]，而 Guo 等人（2015）提出了基于 VIIRS-DNB 和 MODIS-NDVI 的大比例尺不透水面指数（LISI），用于以绘制中国的 ISA 分布图，通过对比基于 DMSP

OLS 数据的结果，发现能显著提高估算精度[109]。

表 3.10　基于夜间灯光和 NDVI 数据的光谱指数用于 ISA 制图

指数	具体表达方法	涉及数据	参考文献
人类居住区指数	$HSI=\frac{(1-NDVI_{max})+NTL_{nor}}{(1-NTL_{nor})+NDVI_{max}+NTL_{nor}\times NDVI_{max}}$	DMSP OLS, MODIS NDVI	Lu et al., 2008[53]
植被调整的夜间城市光照指数	$VANUI=(1-NDVI_{mean})\times NTL_{nor}$	DMSP OLS, MODIS NDVI	Zhang et al., 2013 [8]
植被温度光照指数	$VTLI=(1-NDVI_{max})\times T_{max}\times NTL$	DMSP OLS, MODIS NDVI, MODIS Surface Temperature	Hao et al., 2015 [77]
大尺度不透水面指数	$LISI=(1-NDVI_{max})\times\sqrt{NTL_{nor}}$	VIIRS DNB, MODIS NDVI	Guo et al., 2015 [109]
标准化城市面积综合指数	$NUACI=\left(1-\frac{d}{r}\right)\times NTL_{nor}$ $d=\sqrt{(NDWI-\overline{NDWI})^2+(EVI_{max}-\overline{EVI})^2}$	DMSP OLS, MODIS NDWI and EVI	Liu et al., 2015 [154]
增强植被指数（EVI）-调整后的 NTL 指数	$EANTLI=\frac{1+(NTL_{nor}-EVI)}{1-(NTL_{nor}-EVI)}\times NTL$	DMSP OLS, MODIS EVI	Zhuo et al., 2015 [155]
归一化不透水面指数	$NISI=\frac{NTL_{nor}(1-NDVI_{max})}{2(1-0.5NTL_{nor})(1+NDVI_{max})}$	DMSP OLS, MODIS NDVI	Guo et al., 2017 [30]
LST 和 EV 调节 NTL 的城市指数	$LERNCI=nor\left[\left(\frac{LST}{LSTAVG}+\frac{EVIAVG}{EVI}\right)\times NTL\right]$	VIIRS DNB, MODIS LST, EVI	Liu et al., 2017 [156]

注：NTL—夜间灯光数据；NDVI—归一化差异植被指数，T_{max}—基于月 MODIS 地表温度的最大合成。EVIAVG 和 LSTEVG 是平均 EVI（增强植被指数）和平均 *LST*（地表温度），nor 代表归一化，NDWI 和 $\overline{NDWI}$ 代表归一化水体指数及其平均值，EVI_{max} 和 $\overline{EVI}$ 代表最大 EVI 和 EVI 平均值。

大多数关于大尺度ISA制图的研究都是使用500 m空间分辨率的MODIS数据或者更低分辨率的遥感数据进行。然而，具有更高的空间分辨率的数据往往能提高制图精度，例如MODIS（250 m）和Proba-V（100 m）数据，因此本研究的主要目标是探索利用它们与VIIRS DNB数据相结合进行大尺度不透水面制图，通过对比分析融合变量改善大尺度不透水面制图精度。

3.3.1 研究区和数据集选择

伴随着经济条件的改善，人口逐渐从农村向城市迁移，中国在过去三十年中经历了巨大的城市扩张。为了进行全国尺度范围的ISA制图，有必要通过从高空间分辨率数据（如Landsat卫星图像）中获得的参考数据与夜间灯光数据关联起来，建立ISA估算模型。考虑到中国城市的空间分布和ISA景观，选择了8个城市——北京、广州、哈尔滨、昆明、武汉、郑州和杭州作为参考。表3.11总结了这些城市的基本信息。

表3.11　2015年典型城市人口、地区生产总值和行政区域汇总

城　市	北京	广州	杭州	哈尔滨	昆明	上海	武汉	郑州
地区生产总值/百万人民币	2 301	1 810	1 005	575	397	2 512	1 090	731
人口/百万	21.7	13.5	9.0	10.7	6.7	24.2	10.6	9.6
行政区划/km^2	16 800	7 434	16 596	53 840	21 001	6 340	8 494	7 446

3.3.2 VIIRS-DNB与PROBA-V不透水面制图

图3.15说明了中国不透水制图的主要流程。主要步骤包括：① 选定典型区域的Landsat卫星影像进行不透水面制图，用作参考数据；② 对从夜间灯光数据VIIRS-DNB和MODIS以及Proba-V数据获取的NDVI数据进行预处理；③ 将VIIRS-DNB夜间灯光数据分别与MODIS NDVI和Proba-V NDVI融合；④ 建立不透水面估算模型；⑤ 评估模型结果。

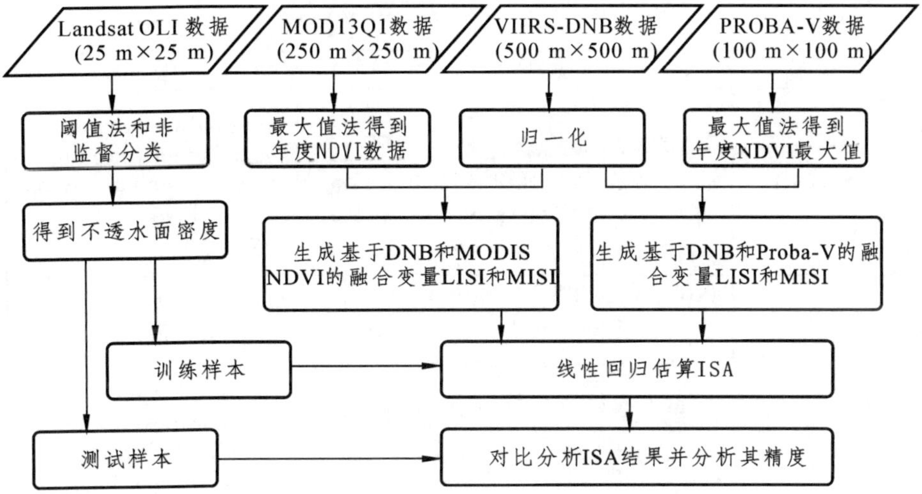

图 3.15 利用 MODIS 和 Proba-V 数据中的 NDVI 与 VIIRS DNB 组合绘制不透水面分布图的框架

（注：LISI 和 MISI 代表大尺度不透水面指数和修正不透水面指数；NDVI 代表归一化差异植被指数；ISA 代表不透水面面积）

1. 数据预处理

表 3.12 总结了本研究中使用的数据集。VIIRS-DNB 数据集是 15 弧秒（约 500 m）的地理网格空间分辨率数据，可以探测城市夜间灯光。经过滤波的月平均辐射合成产品已经排除杂散光、闪电、月光和云层的影响。Proba-V 数据具有 100 m 的空间分辨率，提供可见光到短波红外（SWIR）波段的光谱数据，该数据具有极高重访频率（1 ~ 5 天，取决于分辨率和纬度）。空间分辨率为 250 m 的 MODIS 16 天 NDVI 合成（MOD13Q1）产品由每日 MODIS 2G 等级（L2G）表面反射率生成。250 m 水体掩膜产品（MOD44W）利用 SWBD（SRTM 水体数据）和 250 m MODIS 数据作为补充信息得到（Carroll et al.2009）。Landsat 8 OLI 图像覆盖 11 个波段，其中 7 个反射波段（例如，可见光、近红外和短波红外）具有 30 m 的空间分辨率，在本研究中用于提取 ISA 参考数据。

表 3.12　本研究中使用的数据集

数据集	数据描述	数据来源
VIIRS-DNB	第 1 版月度产品覆盖范围，从 75N 到 65S。产品以 15 弧秒的地理网格（约 500 m 的空间分辨率）生产。研究中使用了 2015 年 7 月、8 月和 9 月的三个月产品。	National Geophysical Data Center (https://www.ngdc.noaa.gov/eog/viirs/download_monthly.html)
Proba-V	Proba-V S5 TOC 是一个 5 天合成的数据，具有 100 米的空间分辨率。用 SMAC（大气校正的简化方法）校正大气效应的数据。在 2015 年 6 月至 9 月的生长季节，使用了覆盖 73E-136E、17N-55N 范围内的 24 幅图像区域。	The VITO Earth Observation (http://www.vito-eodata.be/PDF/portal/Application.html#Browse;Root=15007522;Collection=1000120;Time=NORMAL,NORMAL,-1,,,-1,,)
MODIS NDVI（MOD13Q1）	网格化三级产品的空间分辨率为 250 m，使用 2015 年 16 天的 MODIS NDVI 合成数据，共 437 景影像。	NASA Goddard Space Flight Center (http://ladsweb.nascom.nasa.gov/data/search.hOLIl);
MOD44W	该产品将 SRTM 水体数据与 MODIS 250m 数据相结合，以 250 米的空间分辨率绘制完整的全球地表水地图。	Global Land Cover Facility (http://glcf.umd.edu/data/watermask/)
Landsat 8 OLI imagery	Landsat 8 OLI 图像有六个多光谱波段，空间分辨率为 30 m。所选城市的数据和日期如下所示：（123/32:2015-05-18），（122/44:2015-10-18），（119/39:2015-10-13），（118/28:2015-07-18），（129/43:2015-03-09），（118/38:2015-01-23），（123/39:2015-10-25），（124/36:2015-09-14），（143/29:2015-06-15）	United States Geological Survey (http://earthexplorer.usgs.gov/).

Landsat 卫星图像通常用于中等尺度的城市不透水面制图，方法也较为多样，如基于像素的分类方法、基于亚像素的分解方法和基于回归的方法。在本研究中，选用了典型城市 2015 年的 Landsat 8 OLI 数据用于不透水面

制图（见表 3.12），为了方便下一步不透水面估算研究，需要将其从横轴墨卡托投影（Universal Transversal Mercator，UTM）重新投影到 Albers 锥形等面积坐标系。使用最近邻算法将 30 m×30 m 空间分辨率单元大小的陆地卫星图像重采样为 25 m×25 m 的单元大小，最后将上述数据降尺度到特定分辨率，以拟合 Proba-V NDVI 中 100 m×100 m 的单元大小和 MODIS NDVI 数据中 250 m×250 m 的单元大小。采用阈值和聚类分析相结合的方法从 Landsat 数据中提取 ISA 参考数据[10]。NDVI 阈值设定为 0.3，NDWI 阈值设置为 0.1，分别用于掩膜植被和水体，该经验阈值通过对大量样本（例如植被、水）的分析确定。掩膜植被和水体信息后，Landsat 卫星多光谱数据中的剩余像素主要是 ISA 和裸土。使用聚类分析（此处为 ISODATA）将掩膜处理后影像分为 100 个聚类。然后，研究人员根据对光谱特征和谷歌地球高分辨率参考数据的分析，将这些类合并成 ISA 和非 ISA 两类。对提取的 ISA 结果进行目视检查，以确保分类结果精度。然后，对提取的 ISA 数据进行聚合，生成单元大小分别为 250 m×250 m 和 100 m×100 m 的 ISA 密度图像，该数据用于估算大尺度 ISA 的参考数据。

将 VIIRS-DNB 数据从地理（Lat/Lon）系统重新投影到 Albers 等面积投影，并使用最近邻算法将单元大小从 15 弧秒重采样到 500 m×500 m。在将数据用于 ISA 估算之前，应去除背景噪声（例如，极光、火焰、船只和其他杂光）和 VIIRS-DNB 数据中的一些极高值[33,109]。在本研究中，使用小于 0.5 的 DNB 值阈值来去除背景噪声，因为影像中只有非常有限的像素的值大于 99，阈值最大值设为 99，以便去除极高值。月度时间由于容易受到云覆盖的影响，会有个别区域为零值，这时候需要计算基于所选时间序列数据的前后几期数据，如果仅有一期为零，则对非零像素取平均值，以生成高质量的 DNB 图像。通过上述处理之后，用公式（3.14）对 VIIRS DNB 进行归一化：

$$DNB_{nor} = \frac{DNB - DNB_{min}}{DNB_{max} - DNB_{min}} \tag{3.14}$$

其中 DNB_{nor} 是归一化 VIIRS DNB 影像，其取值范围为 0 ~ 1，DNB_{min} 是最小值，这里为 0，DNB_{nor} 是最大值，这里设为 99。

Proba-V 数据是地理（Lat/Lon）坐标，将该数据重新投影到 Albers 锥形等面积投影坐标，像素重新采样到 100 m×100 m 的单元大小。Proba-V 时间序列数据（即 $NDVI_1$，$NDVI_2$，…，$NDVI_n$）使用最大值合成算法来处理，见公式（3.15）。

$$NDVI_{max} = Max[NDVI_1, NDVI_2, \cdots, NDVI_n] \quad (3.15)$$

MODIS NDVI 数据（MOD13Q1，16 天，250 m 空间分辨率）从正弦投影重新投影到 Albers 圆锥等面积投影，并使用最近邻重采样算法进行重采样。MODIS NDVI 时间序列也用于使用公式（3.15）生成最大合成。

2. 融合变量 MISI 构建

本研究中的表 3.10 总结了 ISA 估算所使用的主要指标，但上述指数主要基于 DMSP-OLS 数据的使用，该数据的量化范围（DN：0 ~ 63）非常小，并且数据分辨率较低,数据外溢现象严重。对于 VIIRS-DNB 数据,虽然在空间分辨率和量化级别上有所改善，但仍然存在一些具有非常高的像素值，在 ISA 估算中减少这些极值的影响非常重要。为了减少这种影响，一种解决方案是使用平方根函数平滑极大值,一种是主观阈值法设定阈值。本研究提出了一种使用对数的替代方法，基于 VIIRS-DNB 和 Proba-V 数据的改进不透水表面指数（MISI）,该指数的表达式如公式（3.16）所示。

$$MISI = 1/2 \times (1 - NDVI_{max}) \times \log(DNB + 1) \quad (3.16)$$

由于植被指数与 ISA 呈负相关[54]，因此使用 $1\text{-}NDVI_{max}$ 可以将值保持在 0~1 之间。DNB 的数据范围为 0~99，因此 log(DNB+1) 值介于 0~2。该指数突出了城市 ISA，同时提高了空间分辨率。作为比较，这里引入以往研究不透水面制图所用的指数 *LISI*，该指数的表达式如公式（3.17）：

$$LISI = (1 - NDVI_{max}) \times \sqrt{DNB_{nor}} \quad (3.17)$$

其中 $NDVI_{max}$ 来自 Proba-V 时间序列数据时，MISI 和 LISI 表示为 $MISI_p$

和 $LISI_p$。除此之外，当 $NDVI_{max}$ 来自 MODIS NDVI 时间序列数据时，MISI 和 LISI 表示为 $MISI_m$ 和 $LISI_m$。由于 Proba-V NDVI 数据的空间分辨率为 100 m×100 m，MODIS NDVI 为 250 m×250 m，$MISI_p$ 和 $LISI_p$ 的空间分辨率为 100 m×100 m，而 $MISI_m$ 和 $LISI_m$ 的空间分辨率为 250m×250m。

3. 不透水面制图分析及精度评价

现有研究表明，ISA 与基于夜间灯光数据和 NDVI 数据的融合指数之间存在线性关系。因此，本研究使用线性回归建立 ISA 估算模型。因变量为从 Landsat 8 OLI 图像中提取的 ISA 密度作为参考数据，自变量分别为 LISI 或 MISI。根据 ISA 参考数据和四个指数（即 $MISI_p$、$LISI_p$、$MISI_m$ 和 $LISI_m$）之间的关系，从八个城市随机抽取 2 400 个样本点，每个城市 300 个样本点。在这些样本点中，1600 个样本点用于建模，其余 800 个样本点用于评估 ISA 精度。通过去除样本的零值，最后用于建模和评估的有效样本数量分别为 1 066 和 531。使用相关系数（R）、均方根误差（RMSE）和残差分析对 ISA 估计结果进行准确性评估。相对 RMSE（即 RMSEr=RMSE/平均数×100）也用于比较 ISA 估计结果。为了了解 ISA 估算结果，根据参考数据范围将 ISA 密度分为五个级别：<0.2、[0.2，0.4）、[0.4，0.6）、[0.6，0.8）和≥0.8，同时对不同城市的 ISA 估算结果进行分析。

3.3.3 不透水面制图结果分析

遥感影像空间分辨率的提高，极大地提高了对城市景观的空间细节观测能力，如图 3.16 所示，展示了多种数据集在 ISA 制图时的效果。具有 500 m空间分辨率的 VIIRS-DNB 数据显示了城市和农村地区之间的良好区别，但由于复杂的城市土地覆盖组成和较低的空间分辨率，无法有效地揭示城市景观的空间格局见图 3.16（a）。具有更高空间分辨率（100 m）的 Proba-V［见图 3.16（b）］、相比 MODIS NDVI 数据（250 m）具有更精细和详细的空间信息［见图 3.16（c）］。由于 Proba-V 的空间分辨率较高，使用 VIIRS-DNB 和 Proba-V 的融合图像［见图 3.16（d）和 3.16（f）］比使用 VIIRS DNB 和 MODIS NDVI 的图像［见图 3.16（e）和 3.16（g）］

具有更 VIIRS DNB 和 MODIS NDVI 的图像［见图 3.16（e）和 3.16（g）］具有更详细的城市空间结构信息。图 3.16 显示了改进的空间分辨率在显示详细的城市结构信息方面的重要性。

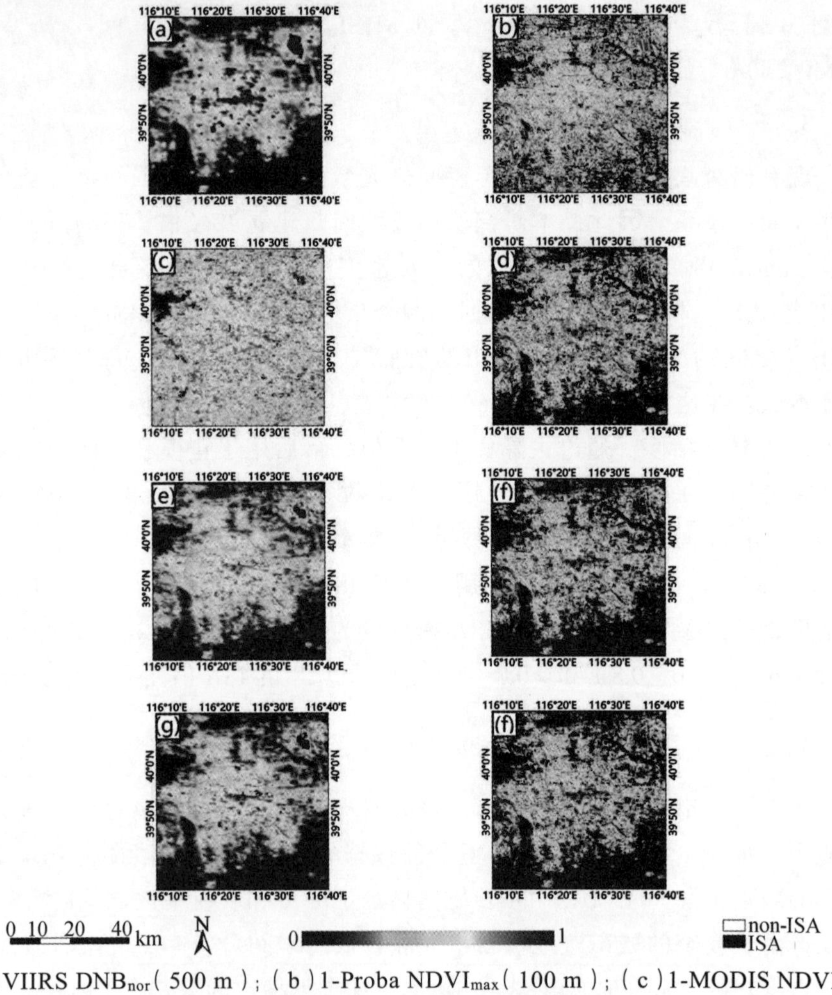

（a）VIIRS DNB_{nor}（500 m）；（b）1-Proba $NDVI_{max}$（100 m）；（c）1-MODIS $NDVI_{max}$（250m）；（d）$MISI_p$（100 m）；（e）$MISI_m$（250 m）；（f）$LISI_p$（100 m）；（g）$LISI_m$（250 m）；（h）来源于 Landsat 8 OLI 影像的不透水面（25 m），在 VIIRS DNB 和 NDVI 组合数据中显示改进的不透水表面分布的空间格局。

图 3.16　北京市核心区不同数据集的对比分析

表 3.13 根据 R^2 值进一步证实，提高空间分辨率的方法能得到更好的 ISA 估算结果，即 $LISI_p$ 和 $MISI_p$ 的 R^2 值高于 $LISI_m$ 和 $MISI_m$。特别是 $MISI_p$ 估计精度最高，其 R^2 值为 0.71。使用表 3.13 中的多种模型对整个中国区域的 ISA 进行估算表明了其不同的性能，即使用 $LISI_m$ 和 $MISI_m$ 的估算结果比基于 $LISI_p$ 和 $MISI_p$ 变量的图像相关系数更差。这种情况意味着改进的空间分辨率能够改进 ISA 估算结果。使用 R、RMSE 和 RMSEr（见表 3.13）的精度评估结果也证实了分辨率的提高可以（使用 LISI 或 MISI）得到更好的估算结果。空间分辨率从 250 m（MODIS-NDVI）提高到 100 m（Proba-V），RMSEr 能够改善 2.3% ~ 2.6%；改正的不透水面指数（MISI）使 RMSEr 改善了 0.5% ~ 1.8%。总体而言，与 $LISI_m$ 相比，$MISI_p$ 将 RMSEr 减小了 4.1%。ISA 估计值和参考数据之间的散点图（图 3.17）进一步证实，当 ISA 密度非常小（如小于 0.2）时，MISI 方法可以改善 ISA 估算结果更好［见图 3.17（d）］。图 3.17 表明，总体而言当 ISA 密度非常小时，所有模型都存在高估问题，特别是当 ISA 密度小于 0.2 时。当 ISA 非常高时，特别是当 ISA 大于 0.85 时，所有模型都存在低估问题。

表 3.13　比较 $LISI_m$，$LISI_p$，$MISI_m$ 和 $MISI_p$ 的模型之间的决定系数（R^2）及其精度评估结果

变量	回归模型	R^2	精度评估		
			r	RMSE	$RMSE_r$
$LISI_m$	$ISA=1.6259LISI_m + 0.0865$	0.63	0.796	0.158	41.1
$LISI_p$	$ISA=1.6542LISI_p + 0.0829$	0.68	0.823	0.149	38.8
$MISI_m$	$ISA=1.6193MISI_m + 0.0243$	0.65	0.815	0.152	39.6
$MISI_p$	$ISA=1.6305MISI_p + 0.0245$	0.71	0.841	0.142	37.0

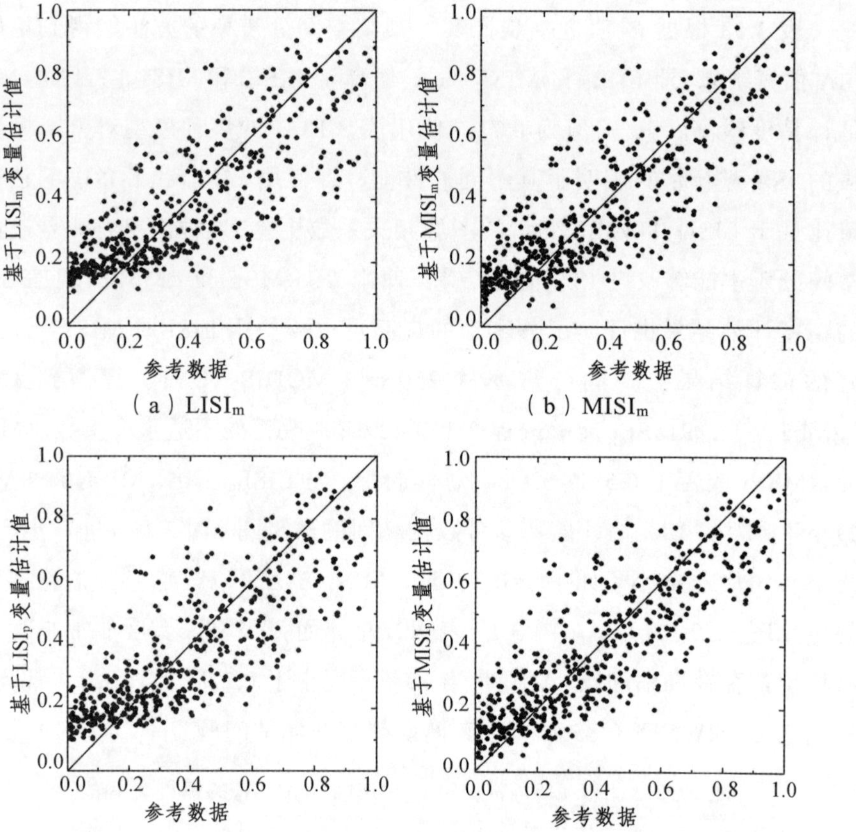

（a）LISI$_m$　（b）MISI$_m$

（c）LISI$_p$　（d）MISI$_p$，显示当 ISA 值较小时，ISA 普遍高估

图 3.17　利用线性回归模型比较参考值和 ISA 估计值之间的散点图的对比分析

上述基于整体估计效果的分析无法提供不同密度的 ISA 评估结果，但了解变量在不同等级密度的 ISA 范围内具有更好的估计效果对于进一步改进 ISA 估计是有意义的。表 3.14 对不同变量的 RMSE 和 RMSEr 在五个 ISA 等级密度范围结果进行比较表明，与使用 MODIS NDVI 的结果相比，除 ISA 在[0.6，0.8）外，使用 Proba-V 的 LISI 和 MISI 都改善了 ISA 密度制图性能，尤其是当 ISA 密度非常小或非常大时，这意味着提高空间分辨率的重要性。与 LISI 相比，当使用 MODIS NDVI 数据时，MISI 并没有改善所有 ISA 范

围的 ISA 制图性能，但当使用 Proba-V 数据时，MISI 确实在所有 ISA 密度范围表现出更好或相似的制图效果。表 3.14 表明，当 ISA 密度非常小（例如<0.2）或非常大（例如>0.8）时，$MISI_p$ 对于 ISA 估计是最好的。

表 3.14 基于不同 ISA 范围的 $LISI_m$，$LISI_p$，$MISI_m$ 和 $MISI_p$ 的均方根误差（RMSE）和相对 RMSE（$RMSE_r$）结果比较

密度等级	RMSE				$RMSE_r$			
	$LISI_m$	$LISI_p$	$MISI_m$	$MISI_p$	$LISI_m$	$LISI_p$	$MISI_m$	$MISI_p$
<0.2	0.113	0.096	0.103	0.094	113.0	96.0	103.0	94.0
[0.2，0.4）	0.156	0.150	0.157	0.145	53.6	51.5	54.0	49.8
[0.4，0.6）	0.205	0.178	0.186	0.158	41.8	36.3	37.9	32.2
[0.6，0.8）	0.138	0.180	0.150	0.180	20.0	26.1	21.8	26.1
>0.8	0.166	0.117	0.162	0.068	18.9	13.3	18.5	7.7
总体精度	0.158	0.149	0.152	0.142	41.1	38.8	39.6	37.0

从表 3.15 的样本点和估计结果均值可以看出，总体上所有模型估算结果有所低估，但是当 ISA 密度小于 0.2 时，所有模型都高估了 ISA。当 ISA 大于 0.8 时，所有模型都低估了 ISA。当 ISA 为[0.4，0.8）时，所有模型都表现出相似的平均值。基于 Proba-V 的 MISI 在减少高估问题方面尤其重要（即 ISA<0.2）。

表 3.15 通过估计 ISA 密度分布的均值来评价制图效果

ISA 密度等级	样点	$LISI_m$	$LISI_p$	$MISI_m$	$MISI_p$
<0.2	0.100	0.172	0.163	0.148	0.140
[0.2，0.4）	0.291	0.277	0.282	0.282	0.286
[0.4，0.6）	0.491	0.497	0.499	0.505	0.501
[0.6，0.8）	0.689	0.700	0.686	0.701	0.689
>0.8	0.878	0.859	0.864	0.850	0.848
总体	0.384	0.376	0.376	0.374	0.376

如表 3.16 所示，使用 Proba-V 数据而不是 MODIS 数据提高的空间分辨率确实提高了每个城市的 ISA 估算精度，无论是使用 LISI 还是 MISI。

此外，基于 MISI 的估计精度优于 LISI。表 3.16 表明，对于大城市，ISA 密度估算精度可以通过考虑使用更高的空间分辨率图像和更好的融合指数变量来提高。图 3.18 明确地显示了使用基于 $MISI_p$ 变量的估算方法在 ISA 较小时其制图效果能得到改善，特别是对于中国北方的北京、哈尔滨和郑州等城市或西部植被覆盖率相对较低城市，西部这些城市景观周围的裸露土壤较为普遍。这种情况意味着，对于干旱和半干旱地区没有或有限植被覆盖的城市景观，需要提高空间分辨率以改进 ISA 估算结果。

表 3.16　基于不同城市的四个变量精度评估结果比较

城市	$LISI_m$		$LISI_p$		$MISI_m$		$MISI_p$	
	R	RMSE	*R*	RMSE	*R*	RMSE	*R*	RMSE
北京	0.844	0.148	0.902	0.120	0.861	0.141	0.926	0.104
广州	0.853	0.136	0.874	0.126	0.865	0.130	0.898	0.114
哈尔滨	0.823	0.147	0.855	0.134	0.838	0.141	0.870	0.127
昆明	0.834	0.092	0.848	0.088	0.844	0.089	0.858	0.086
杭州	0.795	0.168	0.819	0.159	0.803	0.165	0.837	0.152
上海	0.839	0.143	0.872	0.129	0.869	0.130	0.905	0.112
武汉	0.801	0.133	0.809	0.130	0.807	0.131	0.820	0.127
郑州	0.856	0.132	0.885	0.119	0.867	0.127	0.905	0.109

有研究表明，MODIS NDVI 和夜间灯光数据的结合提高了 ISA 制图精度[8,30,53,55,56,77,155]，本研究进一步发现，在改进 ISA 估计结果时，有必要提高空间分辨率，特别是在干旱和半干旱地区植被覆盖非常有限的情况下。表 3.17 提供了基于不同数据集和建模方法的 $RMSE_r$ 值进行比较。$RMSE_r$ 结果表明，当 ISA 小于 0.2 时，改进的空间分辨率，无论是从 DMSP-OLS 到更高分辨率的 VIIRS-DNB 的夜间灯光数据，还是从 250 m MODIS 到 100 m 的 Proba-V 的光学传感器 NDVI 指数，都可以显著改善 ISA 估算结果。表 3.17 还表明，当 ISA 为[0.4，0.8）时，基于 DMSP OLS 和 MODIS 数据

的变量具有较好的估计精度，但当 ISA 大于 0.8 时，基于 VIIRS-DNB 和 Proba-V 的高空间分辨率 MISI 变量可以显著提高估算效果，图 3.19 进一步证实了这一情况。由于城市景观内部或周围缺乏植被覆盖，中国西部的乌鲁木齐的夜间灯光数据和 NDVI 的组合无法改善 ISA 制图性能，但基于 VIIRS-DNB 和 Proba-V 的 MISI［见图 3.19（d）］与其他变量相比，当 ISA 较小时，ISA 估算精度能明显提高［见图 3.19（a）、（b）、（c）］。

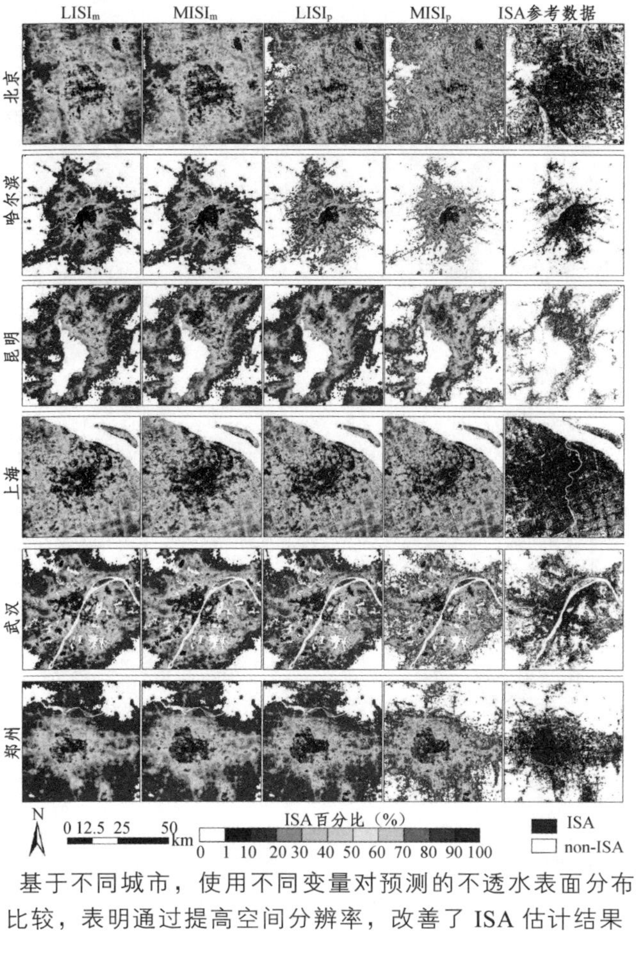

图 3.18 基于不同城市，使用不同变量对预测的不透水表面分布进行了比较，表明通过提高空间分辨率，改善了 ISA 估计结果

表 3.17　不同数据集和变量之间 RMSEr 的对比分析

ISA 密度等级	*DMSP OLS 和 MODIS NDVI			VIIRS DNB 和 MODIS NDVI		VIIRS DNB 和 Proba-V NDVI	
	HSI	VANUI	NISI	$LISI_m$	$MISI_m$	$LISI_p$	$MISI_p$
<0.2	162.8	146.5	139.6	113.0	103.0	96.0	94.0
[0.2，0.4）	56.7	56.6	59.4	53.6	54.0	51.5	49.8
[0.4，0.6）	32.3	31.6	32.2	41.8	37.9	36.3	32.2
[0.6，0.8）	25.8	26.4	24.1	20.0	21.8	26.1	26.1
≥0.8	17.1	16.8	15.6	18.9	18.5	13.3	7.7

注：*这些结果来源于之前的研究（Guo et al. 2017）.

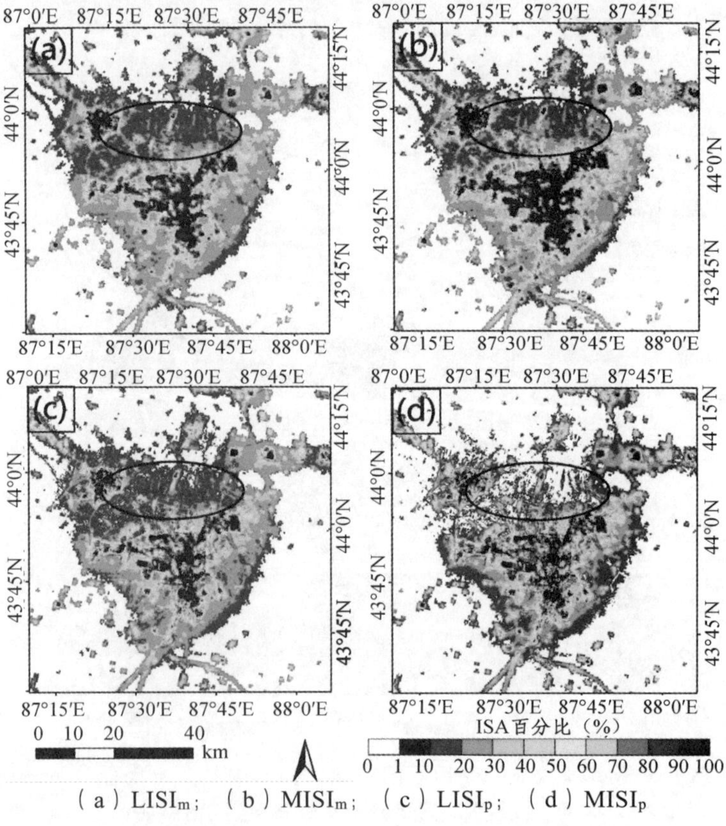

（a）$LISI_m$；（b）$MISI_m$；（c）$LISI_p$；（d）$MISI_p$

图 3.19　基于四种变量的线性回归模型对中国西部乌鲁木齐 ISA 分布估算的比较

早前的研究发现，使用夜间灯光和 NDVI 数据组合在干旱/半干旱地区改善 ISA 制图性能的作用有限，本研究发现提高空间分辨率是一种有效的解决方案。然而，夜间灯光数据中的空间分辨率（例如，VIIRS-DNB 的空间分辨率为 500 m）仍然过于粗糙，无法准确估计 ISA 分布。由于城市和农村地区的地表温度（LST）存在差异，尤其是在冬季，将地表温度和夜间灯光数据结合起来可能是一种替代方法，预期可以改善干旱/半干旱地区的 ISA 制图性能。已有的一些研究探索了将 MODIS LST 和 NDVI（或 EVI）以及 DMSP-OLS 数据组合用于 ISA 制图，但 MODIS LST 的空间分辨率过于粗糙，干旱/半干旱地区的 MODIS NDVI 或 EVI 可能因植被覆盖有限而无法使用。由于 Landsat 卫星数据中的热红外波段在全球范围内是免费提供的，因此应更多地研究如何结合 LST 和夜间灯光数据来提高 ISA 制图精度。

夜间灯光数据（如 DMSP-OLS 和 VIIRS-DNB）与 MODIS NDVI 的结合使用已被证明在改善 ISA 制图精度方面非常有效。通过对基于 VIIRS-DNB、MODIS NDVI 和 Proba-V 数据的不同组合方法在中国 ISA 制图中的比较分析表明：① ISA 比例过低或过高是导致 ISA 估算不准确的主要因素。通过使用更高空间分辨率的夜间灯光数据（例如 VIIRS-DNB）或 NDVI（例如 Proba-V）数据来提高空间分辨率可以提高 ISA 密度估算精度，尤其是当 ISA 小于 0.2 时，效果更为明显；② 虽然已经使用了几种夜间灯光和 NDVI 数据组合的指数，但它们的性能略有不同，特别是本文提出的 MISI 对于减少 ISA 密度较低或较高的区域的估计误差很有意义；③ 干旱/半干旱地区的 ISA 估算仍然是一个挑战，因为在夜间灯光数据的低空间分辨率图像中量化级别较低和数据外溢现象。到目前为止，虽然夜间灯光数据的量化级别有所提高，但是还没有合适的方法来解决数据外溢现象，未来有待提出新的数据变量用于不透水面制图。

夜间灯光用于不透水面制图的变量对比分析

不透水面作为监测环境和人类发展的关键因子之一，已经受到越来越多的重视，因此快速精确地获取不透水面数据对科学研究和政策制定都具有重要的参考意义。遥感手段相对于传统的统计方法相比，具有大尺度、低成本的特点，适合用于不透水面制图[19,157]。中小尺度不透水面制图一般都采用中高分辨率的遥感影像对局部区域或城市进行分析，常用的数据源如 IKONOS[14,144]、Landsat TM 或者 ETM+数据[158, 159]。但是中高分辨率的遥感影像很难适用于大尺度不透水面制图研究，常用的 Landsat TM/ETM+影像也仅仅只能够覆盖陆地面积 180 km×180 km，对于 IKONOS 来说，则覆盖范围更小[160]。为了能进行大尺度的不透水面制图研究，往往需要将上述影像拼接起来，这就带来很多问题。首先不同影像之前获取时间并不一致，不同的气象条件对高分辨率影像影响极大，如果考虑到云阴影的影响，下载并处理大量覆盖大范围研究区的高质量影像几乎是不可能在短时间完成的任务。其次考虑到对影像进行处理操作，如几何校正、图像拼接、地物提取等，这些处理是极其耗时间和人力[72,161]。

相反地，低分辨率遥感影像如 AVHRR、MODIS 等数据，以较低的空间分辨率较大的幅宽覆盖较大的范围，用来进行大尺度不透水面的快速制图具有较强的可实现性[20,103]，尤其是用分辨率为 1 ~ 2 km 的遥感影像进行全球不透水面快速制图，则更为方便快捷[162]。低分辨率遥感影像除了分辨率低、覆盖范围大之外，还能以很高的重访周期用于各项研究[163-165]。

MODIS 作为低分辨率大覆盖范围的数据在不透水面制图研究中已经得到了应用[6,146]，尤其是 MODIS NDVI 数据，它通常与代表城市不透水面的空间信息存在反关系，是城市不透水面制图的较好变量[54]。但是植被数据的分布也容易受到地理位置和自然环境的影响，如中国中西部地区和东部地区差异较大，干旱区与湿润区也会有明显差异，导致利用该数据进行大尺度不透水面制图精度并不高。

此外，大尺度低分辨率的遥感影像还包括夜间灯光数据。目前星载的低分辨率灯光遥感数据主要有美国国防气象卫星的应用线扫描系统（Defense Meteorological Satellite Program's Operational Line-scan System，DMSP-OLS）和美国国家极地轨道伙伴计划（Suomi National Polar-orbiting Partnership，NPP）的可见光红外成像辐射仪白天/夜间波段（Visible Infrared Imaging Radiometer Suite's Day/Night Band，VIIRS-DNB）。DMSP-OLS 作为记录人类活动的一种数据源，能探测到城市灯光甚至一些乡村地区的微弱光亮，通过这些信息可以将夜间黑暗的非不透水面背景区分出来[44,149]，并且该数据可以在大尺度范围内快速更新[88]。尽管如此，DMSP-OLS 也存在很多缺点，比如空间分辨率较低、量化范围较小带来的数据饱和现象以及数据外溢现象[48]。VIIRS-DNB 的光谱范围为 500 ~ 900 nm，对弱的可见光非常敏感，并且能显著改善对城市、舰船和天然气在无月光下的识别能力。因此，VIIRS-DNB 能提供比 DMSP-OLS 更丰富的城市不透水面和经济活动的信息[83]，但是目前的 VIIRS-DNB 数据产品还较少用于不透水面制图。

目前 MODIS NDVI，DMSP-OLS 和 VIIRS-DNB 数据各有特点，在大尺度不透水面制图方面各有特点，为了分析其数据特性，分析不同数据在不同地物覆盖类型和不同城市不透水面类型的表现，为大尺度不透水面制图选取合适的变量，有必要对上述三种变量进行对比分析研究。在研究中，分析了 DMSP-OLS，MODIS NDVI 和 VIIRS-DNB 三种低分辨率遥感数据的特点，并将三种数据用于不同的研究区域来进行不透水面制图研究，通过对比分析证明具有大尺度不透水面制图潜力的变量。除此之外，前述研究已经分别基于 DMSP-OLS 数据和 MODIS NDVI 数据结合的变量以及 VIIRS-DNB 数据和 MODIS NDVI 数据结合的变量分辨进行了研究，证明融合了低分辨率的灯光数据和更高分辨率的植被数据的合成变量比单变量灯光数据或者植被指数具有更好的不透水面估计精度和空间分布格局。目前基于 DMSP-OLS 和 MODIS 数据的融合变量 VANUI 在大尺度不透水面制图中已经有较多应用，因此将本书提出的以 VIIRS-DNB 和更高分辨率 MODIS 数据结合产生的新的融合变量 LISI 和 VANUI 进行对比研究。一方面用来证明两者融合的变量比任何单一变量进行不透水面制图精度更高，空间细节保持更好，另一方面验证本文提出的基于 LISI 的方法是未来大尺度不透水面制图的可供推荐的变量方法。

（1）研究区及研究数据

为了对比变量对不同不透水面类型城市的制图效果，研究区选择 6 个不同经济发展水平和地理位置的城市作为研究对象，分别为北京、成都、昆明、上海、武汉和乌鲁木齐。除此之外，研究选用四种数据类型进行对比分析，分别为 DMSP-OLS、VIIRS-DNB、16 天的 MODIS 数据产品以及参考数据 Landsat 8 OLI。三种低分辨率的数据除了进行单变量对比分析之外，两种灯光数据还分别与 MODIS NDVI 数据结合产生新的融合变量进行对比分析研究。Landsat 8 OLI 数据则主要用作不透水面的参考数据。研究中所用数据的主要特点及下载来源总结如表 4.1 所示，为了形象说明数据特点，选取北京地区经过投影变换的四种数据样本展示每种数据的空间分布特点，如图 4.1 所示。

表 4.1　研究中使用的数据特点描述

数　据	分辨率	获取时间	下载网址
DMSP-OLS	1 000 m	2012 年稳定灯光数据产品	National Geophysical Data Center (NGDC)(http://www.ngdc.noaa.gov/dmsp/global_composites_v2.hOLIl)

续表

数　据	分辨率	获取时间	下载网址
VIIRS-DNB	743 m	两月合成产品，分别为 2012 年 4 月和 10 月	National Geophysical Data Center(http://ngdc.noaa.gov/eog/viirs/download_monthly.hOLIl)
MODIS NDVI（MOD13Q）	250 m	16 天合成产品：多时相 NDVI 影像，主要是 2012 年 4 月 1 日到 10 月 31 日之间	NASAGoddard Space Flight Center (GSFC)(http://ladsweb.nascom.nasa.gov/data/search.hOLIl)
Landsat 8 OLI	7 个反射波段 30 m 分辨率，一个全色波段 15 m	2013 年生长季节无云数据，集中在 4 月到 10 月	United States Geological Survey (USGS)(http://earthexplorer.usgs.gov/)

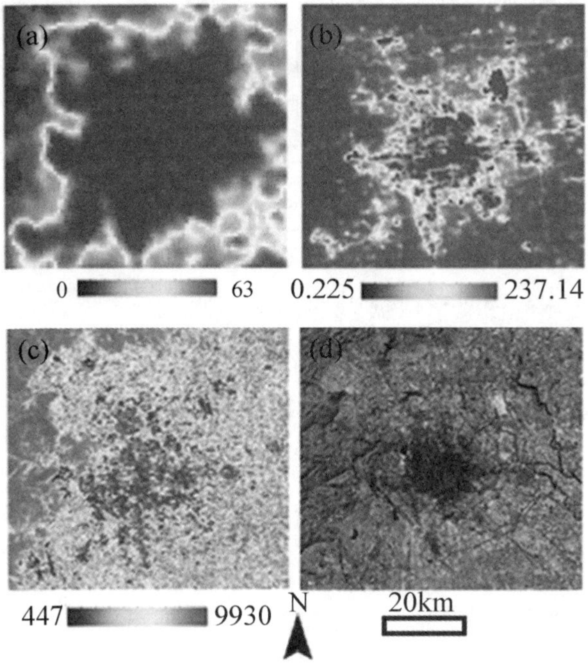

（a）DMSP-OLS；（b）VIIRS-DNB；（c）MODIS NDVI；

（d）Landsat 8 OLI 假彩色合成影像。

图 4.1　北京地区四种数据空间细节的对比

（2）变量对比分析

在大尺度不透水面制图的研究中，由于研究区域覆盖范围较广，图像分辨率较低，从 Landsat8 OLI 融合多光谱数据中获取不透水面常常认为是准确的，可以作为大范围不透水面制图的参考数据。基于 Landsat 系列数据进行不透水面制图有很多方法，一般来说有亚像元分类法、线性光谱混合分析模型（Linear Spectral Mixture Analysis，LSMA）、神经网络等，LSMA 则在中等分辨率图像处理中较为常用[13,28,166]。在研究中为了简单方便，使用了阈值法和非监督分类相结合的方法获得不透水面数据。

首先，用阈值法排除水体和植被的干扰。使用归一化植被指数 NDVI 去除植被影响，其中植被指数的获取公式：$NDVI = (NIR - Red) / (NIR + Red)$，这样可以得到植被指数的灰度图像。将获取的灰度植被指数图像对比最初的多光谱图像，通过分析将植被阈值设为 0.3 可以最大限度地去除植被影响。然后从 Landsat8 多光谱图像中提取植被信息，即当植被指数大于 0.3 时多光谱数据对应的区域值为零。同样的方法，用水体指数 NDWI=（Green-NIR）/（Green+NIR）去除水体的影响，通过获取的水体指数对比最初的多光谱数据，当值为 0.1 时，有最佳的去除效果，因此设定阈值大于 0.1，对应区域的多光谱数据为零。

其次，对阈值处理之后的多光谱图像使用 ISODATA 非监督分类方法对其进行分类，为了尽可能地得到精确结果，将阈值法处理之后的多光谱数据分为 100 类，然后将这 100 类对比最初未经任何阈值处理的多光谱数据，不断进行划分，直到分为两类为止，一类为不透水面，另一类为非不透水面，其中 1 代表不透水面，0 代表非不透水面，两类空间分辨率都为 10m。为了方便后面实验的对比，将 10 m 分辨率的不透水数据用均值法转换到较低分辨率的图像，即 250 m×250 m，750m×750m，1 km×1 km 三组，分别用以匹配具有相同空间分辨率的 $NDVI_{max}$，VIIRS-DNB 和 DMSP-OLS 数据。

稳定灯光数据 DMSP-OLS 是地理坐标，为了统一坐标投影，首先将稳定灯光数据重投影到Arbers坐标投影之下并基于最近邻重采样法对数据进行重采样。从 DMSP-OLS 图上将六个相同大小研究区截取出来。DMSP-OLS 数据的 DN 值为 6 比特，数据范围在 0 到 63 之间，常常导致数据在城市核心区的饱和，使得区分城市中不同的土地类型变得异常困难。DMSP-OLS 还有其他的一些缺点，比如空间分辨率较低（1000 m），城市边缘的数据外溢现象等。此外，由于不同的经济发展水平、能源供应和消费类型不同，在 DMSP-OLS 图像上相同的 DN 值可能代表不同的不透水面比例。因此，单纯使用传统的阈值法从 DMSP-OLS 数据中得到准确不透水面信息较为困难。为了方便数据比较，将 DMSP-OLS 数据进行归一化，公式（4.1）：

$$DMSP_f = \frac{DMSP - DMSP_{min}}{DMSP_{max} - DMSP_{min}} \quad (4.1)$$

VIIRS-DNB 数据也需要进行重投影，将地理坐标转换到 Arbers 投影坐标，并且基于最邻近法将数据重采样成 750m×750m 空间分辨率。在 VIIRS-DNB 数据上裁剪出 6 个感兴趣区域，研究范围与 DMSP-OLS 数据上大小相同。早期 VIIRS-DNB 数据没有滤除火灾野火，天然气燃烧火光、火山和背景噪声，所以不能直接用于不透水面测图研究。通过实验得出阈值 0.5 可以有效去除背景噪声的影响。但是 VIIRS-DNB 影像中仍然有一些极高的值，因此设置上限值为 65，此时 90%的数据在 65 以下。凡是大于 65 的值一律等于 65。然后将 VIIRS-DNB 数据用处理 DMSP-OLS 数据的方法进行归一化操作，使得归一化后的 VIIRS-DNB 值介于 0~1。

每隔 16 天获取的分辨率为 250 m 的 MODIS NDVI 数据（MOD13Q1），将其重投影到 Arbers 投影坐标系统，重采样也选择最邻近法，保持其分辨率为 250 m×250 m。MOD13Q1 数据空间分辨率比 DMSP-OLS 和 VIIRS-DNB 高，因此可以提供更为精细的空间信息。在城市地区，植被分布与不透水面的分布和布局有紧密的联系，植被指数可以用来估算不透水面[54]。然而，在植被指数图中，非植被的土地覆盖类型如沙土、水、不透水面有着相似的值，通过植被的反相关运算很难将它们区分开来。此外，混合像元效应、季节变化等都对植被数据用于不透水面测图产生较大影响。因此，为了减少上述因素影响，在此研究中采用整合多时相植被指数，产生一幅植被指数的最大值图像，如公式（4.2）：

$$\mathrm{NDVI}_{\max}=\mathrm{MAX}[\mathrm{NDVI}_1,\mathrm{NDVI}_2,\cdots,\mathrm{NDVI}_n] \tag{4.2}$$

$\mathrm{NDVI}_1,\mathrm{NDVI}_2,\cdots,\mathrm{NDVI}_n$ 分别为 MOD13Q1 NDVI 图像 2012 年不同时间段获取的多时相数据。

对比从 Landsat8 OLI 数据提取的不透水面、MODIS $\mathrm{NDVI}_{\max}$ 以及 DMSP-OLS 数据可以发现，不透水面密度比较高的区域对应的 DMSP-OLS 值越高，同时 MODIS $\mathrm{NDVI}_{\max}$ 值越低（见图 4.1）。理论上 NDVI 值是介于 - 1~1，排除水体干扰的 $\mathrm{NDVI}_{\max}$ 值介于 0~1，又因为在城市区域的 NDVI 和不透水面分布呈反相关的关系，因此 1-NDVI 的往往在城区表现为不透水面的分布情况。

4.1 单变量因子的不透水面制图对比研究

4.1.1 参考数据及样点选取

从研究区中单独选取出来六幅用于获取参考数据的 Landsat 8 OLI 影像，这些影像的分布都在低分辨率遥感影像的覆盖范围内。研究用到 OLI 数据的 30 m 分辨率的六个反射波段和一个 15 m 的全色波段，首先将六个反射波段和一个全色波段进行小波融合，获取 15 m 分辨率的多光谱融合数据。将上述融合后的多光谱数据从 UTM 投影坐标系重投影到 Arbers 投影坐标下，也是使用最邻近插值法进行重采样，为了便于后面的分析，将数据重采样到 10 m×10 m 空间分辨率大小。Landsat TM 数据进行不透水面提取研究中，有很多方法，但通常采用 LSMA 方法进行不透水面密度提取。研究中采用更简单方便的方法从 Landsat OLI 数据中提取不透水面，首先用阈值法和聚类分析相结合的方式，即对多光谱影像使用水体指数和植被指数进行掩膜，然后对掩膜操作后的影像进行聚类分析，再次通过对比高分辨光学影像人工分辨不透水面结果，最后得到的结果与多光谱影像再进行叠加分析，判断数据可靠性。

最初提取的不透水面参考数据是一个二值影像，其中 1 代表不透水面，0 代表非不透水面，其分辨率为 15 m×15 m，已经将数据重采样到 10 m×10 m 分辨率，为了和相应的低分辨率数据对应起来，采用平均值方法将影像分别降尺度，得到三组不同尺度的不透水面参考数据，其像元大小分别为 250 m×250 m，750 m×750 m，1 000 m×1 000 m。这样可以将参考数据与 MODIS $NDVI_{max}$、VIIRS-DNB、DMSP-OLS 以及合成变量 VANUI 和 LISI 对应起来进行回归运算。

4.1.2 剖面线法细节对比

大尺度不透水面制图的不确定性主要来源于组成不透水面组分的复杂性和数据源本身，这两方面是大尺度不透水面精确制图面临的难题。作为数据源的低分辨率遥感数据来说，由于分辨率较低，同一个像素中往往包含不同的地物覆盖类型，这时地物的同物异谱和同谱异物现象也会影响不透水面制图精度。为了分析不同数据对不同地物类型的表现能力并且评估影响不透水面精度的因素，选择剖面线方法提取不同遥感影像上的值进行对比，然后将对应的值显示在图 4.2 中。

从图 4.2 可以看出，对于 DMSP-OLS 数据来说，其分辨率较低，量化级别也不高，因此在图上显得对于城市核心区陆地到水体变化表现不明显。而 VIIRS-DNB 作为更高空间分辨率和量化等级的数据，其外溢现象不明显，在图上能区分出不同的地物类型，对于城区的湖泊和河流［（分别为 4.2（a）、4.2（b）］都有很好的区分能力。

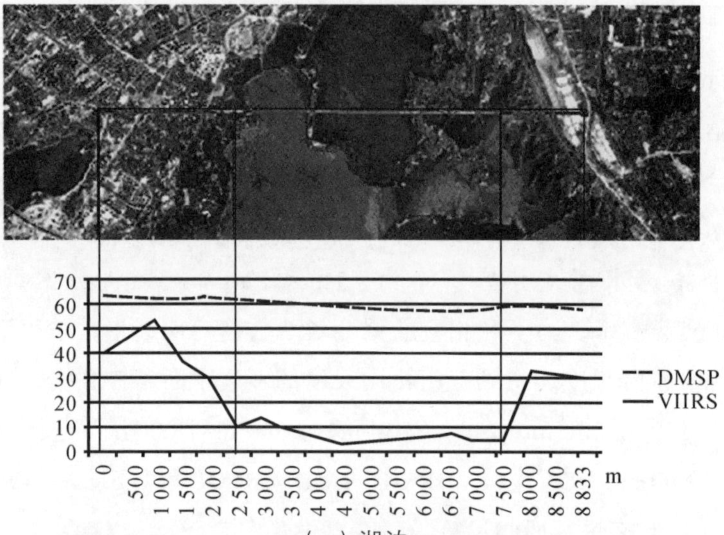

（a）湖泊

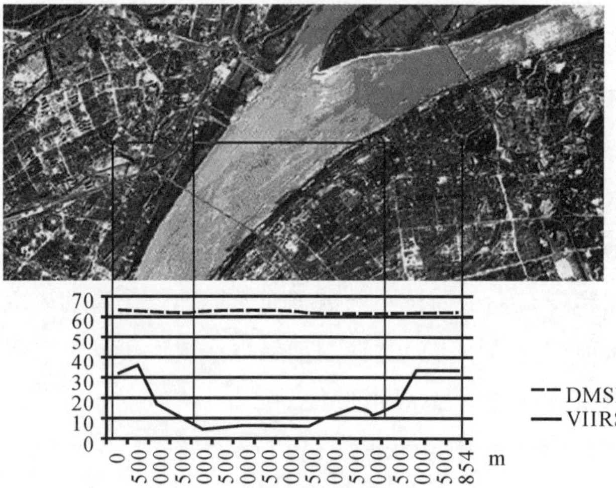

（b）河流

图 4.2　武汉地区 DMSP-OLS 和 VIIRS-DNB 数据细节表现

4.1.3　不同夜间灯光数据集对地物空间变化表现

在大多数的工业化国家或者是经济比较活跃的区域，城市化程度也较高，城市土地覆盖变化较大，由此带来了植被的退化，土壤的减少以致不透水面增加。图 4.3 为 DMSP-OLS、VIIRS-DNB 和 MODIS $NDVI_{max}$ 的假彩色合成图像，其中红色代表 VIIRS-DNB，绿色代表 MODIS $NDVI_{max}$ 数据，蓝色代表 DMSP-OLS。用一条剖面线穿过假彩色合成图像，可以获得线上三种数据的值，进而建立对应数据值的变化曲线。从图上明显可以看出 DMSP-OLS 值从郊区到中心区不断增加，但是很快达到饱和，即归一化 DMSP-OLS 值为 1。整个城市核心区对应的值没有变化，当从城区延伸到郊区时，数据开始变化，逐渐减少直至为零。很显然 DMSP-OLS 数据在城市核心区域不具备区分不透水面密度的能力。VIIRS-DNB 值从郊区到城市中心区不断升高，当从中心区到郊区时不断降低，在核心区值最高达到顶点。虽然 VIIRS-DNB 整体变化趋势与 DMSP-OLS 变化相似，即在不透水密度高的中心城区值大，在密度低的郊区地带其值较小，但是 VIIRS-DNB 没有饱和现象，并且分辨率较高，能很好地检测不透水面的密度变化。$NDVI_{max}$ 表现则与两种灯光数据相反，$NDVI_{max}$ 值在郊区最高，在城市核心区较低，说明城市建成区不透水面密度高，植被退化严重。同 VIIRS-DNB

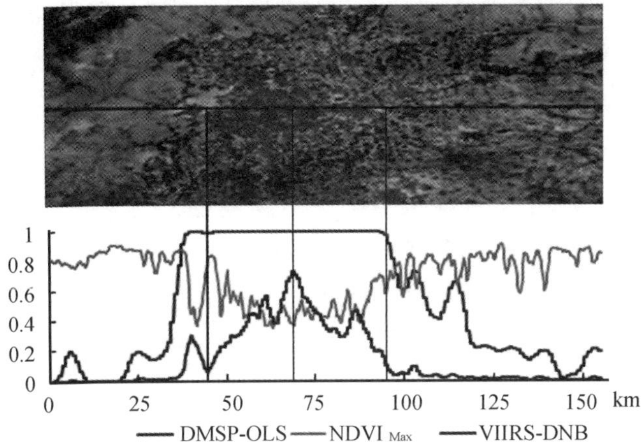

图 4.3　归一化 DMSP-OLS，$NDVI_{max}$ 和 VIIRS-DNB 在北京城市-郊区变化表现对比图

（注释：图上为 DMSP-OLS，VIIRS-DNB 和 $NDVI_{max}$ 假彩色合成影像．其中红色代表 VIIRS-DNB，绿色代表 $NDVI_{max}$，蓝色代表 DMSP-OLS．）

数据类似，MODIS $NDVI_{max}$ 由于较高的量化范围在城市核心区也没有饱和现象。此外，从图中还可以看出即使在城市核心区 $NDVI_{max}$ 值也没有为零，表明 $NDVI_{max}$ 对于城市核心区和郊区的不透水面密度的变化没有灯光数据 DMSP-OLS 和 VIIRS-DNB 变化明显。

城市区域内以及城市周边的水体不属于城市的不透水面，但是水体又是和城市分不开的，由于水体的存在，经常会影响不透水面制图的精度，尤其是对大尺度的不透水面制图来说，城市小范围水体很容易成为混合像元。前述研究分析了 DMSP-OLS 和 VIIRS-DNB 数据在城市核心区及核心区水体的表现特征。当研究区扩展到区域尺度，即研究区不仅仅限于城市时，研究三种数据 DMSP-OLS，MODIS NDVI 和 VIIRS-DNB 的表现特征。图 4.4 右侧所在区域为海洋水体，从图上可以看出，当剖面线从延伸到海洋水体，对应的 DMSP-OLS 值一直在下降，但是由于 DMSP-OLS 数据的外溢现象，使得其值并没有马上降到零，而是往海洋水体延伸后才变为零。VIIRS-DNB 数据值在海洋水体表现同 DMSP-OLS 相似，虽然与 DMSP-OLS 数据相比较有更高的动态变化范围和更高的空间分辨率，但是 VIIRS-DNB 仍有轻微的外溢现象。$NDVI_{max}$ 值在直线从陆地延伸到海洋时，由于 MODIS NDVI 数据是产品数据，结合在海洋的特点，其值骤降为零，甚至由于海滩沙滩的影响，在没有延伸到海洋水体时，$NDVI_{max}$ 值已经降为零。

图 4.4 左侧所在区域为湖泊水体，通过使用剖面线提取值发现，DMSP-OLS 和 VIIRS-DNB 数据变化表现同两者在海洋水体表现趋势一致，即在不透水面为零的地区两者的值并不为零，而是由于外溢现象导致的逐渐缓变。但是 $NDVI_{max}$ 数据由于是多时相的植被数据产生一个植被指数的最大值，对于不同的季节湖泊水域，比如干旱季节湖水退却，裸露出来的周围陆地表面有大量的植被生长，这就导致其值与海洋水体表现不同。对于一年期的 $NDVI_{max}$ 合成数据，湖泊水体尤其是湖泊水体边缘地带，往往表现为混合像元，单纯的植被指数很难将其从不透水面中区分出来。

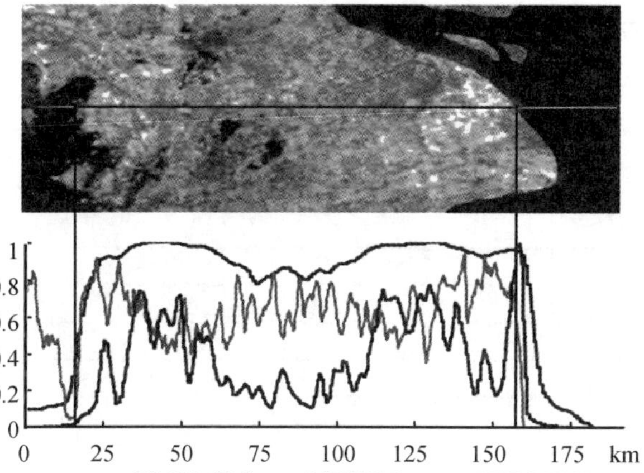

图 4.4　上海地区归一化 DMSP-OLS，$NDVI_{max}$ 和 VIIRS-DNB 数据对不同地物的响应特征对比图

4.1.4　不透水面制图的不确定性分析

大尺度不透水面制图受不透水面类型的影响和数据源本身的限制，很难准确确定其密度。不透水面的类型由于研究区域的地理位置、经济发展水平、城市发展类型和人文规划不同而不同。比如研究区街道的造型、街道网络密度、不同的土地利用类型（商业区、居民区和工业区等）等。对于夜间灯光数据源，如不同城市里的灯光使用类型、照明强度可能有所不同。一般意义上不透水密度较高的地方即城市核心区夜间灯光值越高。但是不同城市发展类型导致的发展水平有所差异，导致在一些城市即使较低的不透水面密度和一些城市较高的不透水面密度可能在夜间灯光上差异并不明显，都会对不透水面制图精度造成影响。如图 4.5 所示，北京是中国东部发达的国际大都市，当不透水面密度最小值达到 0.3 时，DMSP-OLS 数据值已经达到饱和，而成都作为中国西南部欠发达地区的省会城市，当不透水面密度为 0.55 时，DMSP-OLS 才出现饱和现象。数据本身自有的特点也会对不透水面测图产生影响，如 DMSP-OLS 数据的低分辨率低量化范围导致的饱和和外溢现象。VIIRS-DNB 的外溢现象，背景噪声问题。$NDVI_{max}$ 数据受自然和地理因素影响，其分布不能完全反应不透水面的变

化趋势。这就需要对于 DMSP-OLS，VIIRS-DNB 和 $NDVI_{max}$ 三种不同的数据类型在不同不透水面类型的城市间进行对比，找出最适合大尺度不透水面制图的通用变量，即鲁棒性最好的变量。

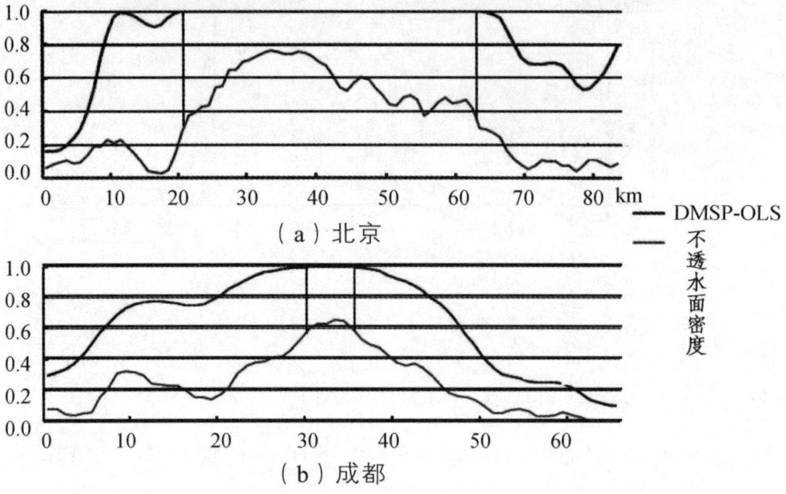

图 4.5 归一化 DMSP-OLS 数据饱和时不同类型的城市不透水面密度对比图

4.2 融合变量不透水面制图对比研究

4.2.1 融合变量对比分析

通过定性分析已经证实大范围不透水面制图所用的低分辨率遥感数据 DMSP-OLS，VIIRS-DNB 以及 MODIS NDVI 都有各自不同的特点，并且研究区域不同也代表了不同的不透水面类型。因此，需要进一步的定量分析，通过分析数据评估制图精度。本研究的对比变量采用融合变量 VANUI 与本书所提出的基于 VIIRS-DNB 和 NDVI 结合的融合变量 LISI，这两种数据在北京、昆明、武汉、乌鲁木齐这四个城市所得到的不透水面密度估算结果如图 4.6 所示。

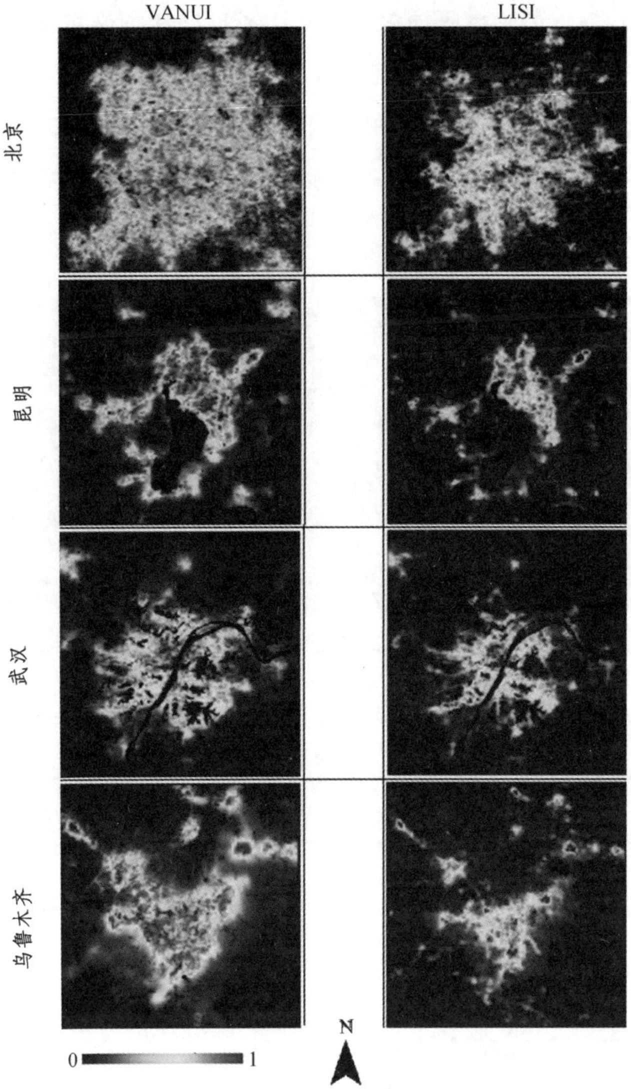

图 4.6 所选城市的 VANUI 和 LISI 融合变量图

融合变量 VANUI 和 LISI 既包含了代表城市不透水面的灯光信息，又包含了植被指数的空间信息，将上述两个变量分别与 Landsat 8 OLI 假彩色合成影像进行剖面线分析。从图 4.7 中可以看出，两组数据有相似的变化趋势，同时具备了植被指数的空间分辨率，尤其是在城市中心区值相同，表明中心区有最高的不透水面密度，从中心城区往郊区延伸方向，虽然趋势相似，但差别逐渐扩大，说明 LISI 比 VANUI 在城市核心区都能反映出城市的不透水面信息，而 LISI 在郊区有更好的区分度。即 VIIRS-DNB 和植被指数的结合比 DMSP-OLS 与植被指数的结合能更好地区分不透水面密度的差异。

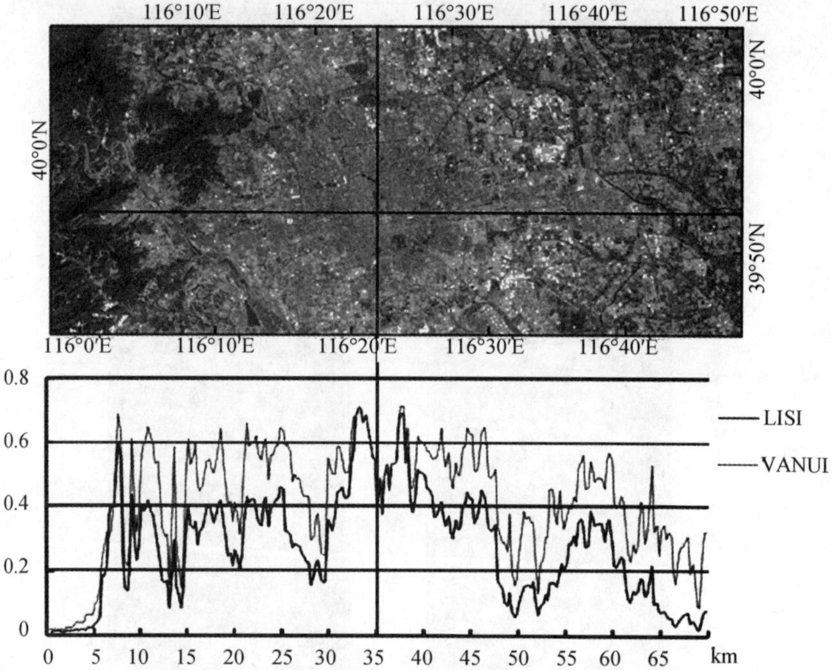

图 4.7 北京地区融合变量 VANUI 和 LISI 对比图

4.2.2 基于合成变量不透水面制图精度分析

研究区包含了六个不同城市，每个城市具有不同类型不透水面分布。因此，通过对比两种合成变量在上述研究区的表现，可以判断各个变量对不透水面的适用情况。两种变量的整体精度如表 4.2 所示，整体上 VANUI 比 LISI 的回归精度高。说明 VANUI 比 LISI 更适合大尺度不透水面制图。接下来对代表不同不透水面类型的个别城市进行分析，结果如表 4.3 所示。

对比 LISI 和 VANUI 在六个研究区的表现，VANUI 在北京、武汉、成都、昆明四个城市优于 LISI，但是差别不大。LISI 在上海、乌鲁木齐两个城市更优，尤其是乌鲁木齐，分别为 0.80 和 0.71，造成这种现象的原因是，LISI 和 VANUI 都是由灯光数据和植被数据共同决定的，DMSP-OLS 比 VIIRS-DNB 量化级别低，分辨率也很低，并且外溢现象严重，尤其乌鲁木齐处于沙漠腹地，很少有植被包围，城市不透水面与周围沙漠成为混合像元无法区分（见图 4.8），融合变量中植被指数的作用被削弱，这时候灯光数据占据主导，因此两种灯光数据与同一植被数据进行结合所产生的融合变量 LISI 好于 VANUI 表现。这同时也说明用植被指数进行不透水面制图不具有普遍性，仅能适用于部分城市。尽管研究对象不同，导致不透水面形态各异，LISI 数据保持较高的回归稳定性，说明虽然 LISI 比 VANUI 融合变量整体上制图精度稍低，但是对于部分研究区域有更好的适应性，因此具备进行大范围不透水面制图的潜力。

表 4.2 融合变量的整体估计精度对比

变 量	*R*	RMSE
VANUI	0.842	0.107
LISI	0.812	0.113

表 4.3 融合变量在不同城市的精度分析结果对比

城市	VANUI		LISI	
	R	RMSE	*R*	RMSE
北京	0.858	0.117	0.850	0.119
上海	0.766	0.121	0.817	0.105
武汉	0.813	0.079	0.791	0.086
成都	0.827	0.093	0.826	0.093
昆明	0.864	0.087	0.842	0.092
乌鲁木齐	0.714	0.201	0.802	0.068

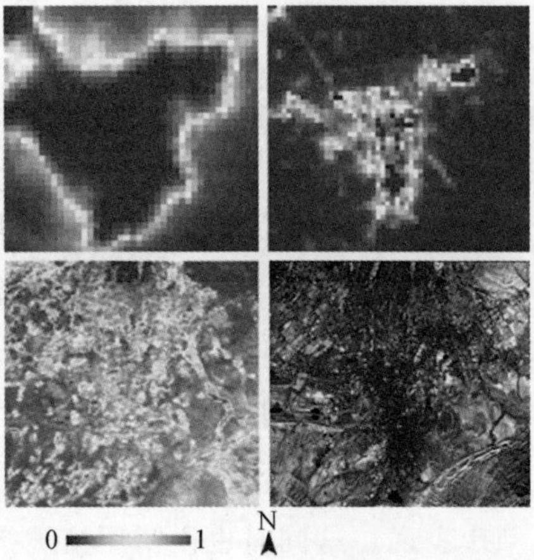

图 4.8 乌鲁木齐地区归一化 DMSP-OLS，VIIRS-DNB，MODIS NDVI 影像和 Landsat 8 OLI 假彩色合成影像对比图

4.3 讨论

通过对变量在研究区的制图表现分析，用单变量的低分辨率遥感影像进行不透水面制图面临很多问题。

一方面是数据本身的限制，如夜间灯光数据较低的空间分辨率（DMSP-OLS 1 000 m，VIIRS-DNB 500 m）。其中 DMSP-OLS 很低的数据量化范围，在城市核心区有数据饱和现象，很难表现出城市不透水面的空间分布信息，同时由于低分辨率和数据量化级别低所引起的数据外溢现象也比较明显。VIIRS-DNB 数据有更高的量化等级范围，避免了数据饱和现象的产生，但是数据仍有一些极值点，比如机场，摩天大楼的探照灯光。MODIS NDVI 区域植被分布易受到地理、气候、人口、经济和文化的影响，并不适合大尺度不透水面制图。

另一方面，组成不透水面的地物类型是复杂的。不同的城市发展类型具有不同的城市不透水面分布格局，限制了大尺度低分辨率遥感数据制图的通用性。比如经济发展水平不同的城市类型导致了多种形式的不透水面密度分布，经济发达地区往往具有较高的不透水面密度，经济落后地区则不透水面密度较低。除此之外，新兴城市和传统城市相比，由于规划较好，也体现了相对于传统城市不一样的不透水面分布格局。很明显，分析这些原因对提高不透水面制图精度是有帮助的。因此要同时理解数据源和研究对象的机理，用最好的变量和方法应用于不同的城市类型不透水面制图，得到能代表更加广泛性和通用性的制图结果。

基于单变量 DMSP-OLS、MODIS 的大尺度不透水面制图已经有很多研究，现有的夜间灯光数据大尺度不透水面制图研究往往是基于单变量 DMSP-OLS 的阈值法，或者是多阈值法，但是由于数据本身的问题，都没有能很好地解决数据饱和和混合像元问题。作为具有更高空间分辨率和量化级别的夜间灯光数据 VIIRS-DNB 还没有在大尺度不透水面制图大量应用。因此本书对上述三种变量进行了对比研究，得出了 VIIRS-DNB 是非常具有潜力的大尺度不透水面制图的变量。

虽然有很多研究基于 DMSP-OLS 数据和植被数据结合应用于大尺度不透水面制图，这些研究都是基于相同分辨率数据的结合即 1 000 m 分辨率的 DMSP-OLS 和相同分辨率的植被数据，很少有基于更高分辨率的植被数据与夜间灯光数据结合用于不透水面制图研究，通过与 250 m 分辨率的 MODIS NDVI 数据结合使用，不仅可以改善 DMSP-OLS 数据的饱和现象，也能改进数据的空间分辨率。这是因为 MODIS NDVI 数据本身动态变化范围和空间分辨率都较高，两者的结合可以产生更好的不透水面制图效果。目前 VIIRS-DNB 还很少用于大尺度不透水面制图，通过结合了 VIIRS-DNB 和 MODIS NDVI 的变量 LISI 不仅突出了城市不透水面信息，还改善了不透水面的空间细节信息。通过对比发现，LISI 比常用的 VANUI 变量制图精度稍低，但空间细节更丰富，能将城市核心区和郊区较好地区分出来。

研究主要是从数据和研究对象双方面的研究入手，探究不透水面制图当中的不确定性因素，通过分析 DMSP-OLS，VIIRS-DNB 以及 MODIS NDVI 数据的特点，找到合适的用于不透水面制图的变量。并且通过数据结合的观点选择适合大范围不透水制图的合适变量，基于本文前面研究所提出的结合城市的灯光信息以及更高空间分辨率植被信息的 LISI，对比之前研究中提到了 VANUI 指数，得到了较好的结果，虽然比以往的 VANUI 方法缺乏更好的制图精度，但是可以表现出更好的城市不透水面细节，比 VANUI 更加适用于植被覆盖较少的区域，同样适合于大范围快速不透水面制图。

本章主要从数据变量和地面不透水水面组成两个方面来研究变量和研究对象的特点，并对大尺度不透水面制图研究过程进行不确定性分析。首先分析了研究中 DMSP-OLS，VIIRS-DNB 和 MODIS NDVI 各自数据的特点，并分析这些变量在不透水面制图当中的表现。其次对比之前提出的合成变量 LISI 与常用的合成变量 VANUI，说明数据合成的方法在大尺度不透水面制图当中具有优势，同时得出目前基于 DMSP-OLS 和 MODIS NDVI 的融合变量仍是精度较高的大尺度不透水面制图变量，也说明了 LISI 具有大尺度不透水面制图的巨大潜力。因此未来可以发展更多的基于 VIIRS-DNB 的合成变量用于大尺度不透水面制图。

5

PART ONE

机器学习算法在不透水面制图中的应用

很多不透水面制图研究都是基于高分辨率遥感影像对特定城市的研究，如QuickBird，IKONOS，Landsat和ASTER[28]。考虑到区域或者全球尺度的不透水面制图所需要的人力和财力，低分辨率的遥感影像如DMSP-OLS和MODIS，它们属于目前两种普遍应用于大尺度不透水面制图的变量，即夜间灯光数据和植被数据，近些年已经被应用到相关研究中[69-71]。低分辨率遥感影像用于不透水面制图已经有许多研究，基于夜间灯光数据的不透水面制图总结起来有三种最基本的变量方法，分别是基于单变量、与非遥感辅助数据相结合变量以及与低分辨率遥感影像相融合变量。夜间灯光数据和相应的辅助数据和低分辨率的数据用于不透水面制图研究的方法也主要分为阈值法、线性回归或者多元回归和机器学习三种。阈值法采取的方法是对研究区设定特定的一个阈值或者几个阈值的方式将大于一定夜间灯光强度阈值的像元划分为城市不透水面[22,60]，这种做法的关键取决于确定合适的阈值。另一种间接阈值法基本思路是利用相关辅助数据，如人口统计数据或土地利用土地覆盖统计数据，来帮助确定最佳阈值，进而从夜间灯光数据中提取城市不透水面，但目前还没有通用的方法用来指导确定合适的阈值，并且阈值法不透水面制图很难得到城市不透水面密度的空间分布特征。线性回归和多元回归可以得到不透水面密度的分布特征，进行不透水面的密度分布制图，能较好地表现出不透水面的空间分布变化。尤其将线性回归和多元回归方法用于DMSP-OLS数据和相应的中低分辨率的植被指数的合成数据，往往能得到较好的结果。

机器学习语言作为一种非参数的算法既可以用来做分类研究也可以做回归分析。基于机器学习语言的分类方法已经应用到低分辨的 DMSP-OLS 数据和植被数据的不透水面制图研究中，并且也得到了较好的结果[55-57]，但是机器学习语言的回归方法目前还很少应用于 DMSP-OLS 数据和相应的植被指数合成影像的大尺度不透水面密度制图研究，目前基于上述低分辨率数据的不透水面制图目前还仅限于线性回归和多元回归方法。与此同时，很多研究表明非参数的机器学习语言往往比线性回归和多元回归的效果更好，精度更高。因此，本研究将采用 BP-ANN 回归和 SVM 回归方法用于合成变量 NISI 估算不透水面密度。除此之外，还将上述方法用于 DMSP-OLS，MODIS NDVI 与基于合成变量 NISI 的不透水面制图结果作对比。

5.1 机器学习方法介绍

5.1.1 BP-神经网络回归算法

人工神经网络（Artificial Neutral Networks，ANN）是属于人工智能范畴的一种计算技术，它由大量简单的基本元件——神经元相互连接，通过模拟人的大脑神经处理信息的方式，进行信息并行处理和非线性转换，通过调整连接强度而从经验知识进行学习的能力并可将这些知识进行运算，是模拟人脑的一种复杂网络系统。人工神经网络以简单非线性神经元作为处理单元，主要通过广泛连接构成大规模的分布式并行处理非线性动力学系统方式，它可以不依赖于精确数学模型，并显示出自适应和自学习的能力。从 1943 年提出神经网络到现在，神经网络研究已经逐渐发展成为一门多学科领域的边缘交叉学科。目前，人工神经网络已经渗透到许多领域，并在智能控制、计算机视觉、模式识别、数据挖掘、非线性优化、知识处理、连续语音识别、自动目标识别、声呐信号的处理、传感技术与机器人、生物医学工程等方面取得了令人鼓舞的进展，而且这种方法日趋成熟，具有重要的理论价值和应用价值。

1986 年，由 Rumelhart 和 Hinton 为首的科学家小组提出了 BP 神经网络（BP Neural Networks），BP 神经网络通常是指基于误差反向传播（Error Back Propagation，简称 BP）算法的多层前向神经网络，BP 算法已成为目前应用最为广泛的神经网络算法。BP 神经网络的基本思想为：学习训练过程由信号的正向传播和误差的反向传播两个过程共同组成，当正向传播时，输入层各神经元负责接收来自于外界的各种输入信息，并传递给中间层各神经元；中间层作为内部信息的处理层，负责信息变换，而且依据信息变化能力的需求，可以设计为单隐含层或多隐含层的结构；当最后一个隐含层传递至输出层各神经元的信息，经过进一步的处理后，完成一次学习训练的正向传播过程，并由输出层向外界输出信息的处理结果；当实际输出与期望输出不相符时，则开始误差的反向传播阶段，误差通过输出层，按误差梯度下降的方式调整和修正各层权值，并由隐含层向输入层逐层反传，同时将误差分摊给各层的所有单元，进而获得各层单元的误差信号，此误差信号即作为修正各单元权值的依据，反复地进行信号的正向传播和误差的反向传播过程，即为各层权值不断调整的过程，同时也是神经网络学习训练的过程，这一过程持续进行到网络输出的误差降低到可以接受的程度或者预先设置的学习次数为止。BP 神经网络模型结构包括了输入层、隐含层和输出层（见图 5.1）。

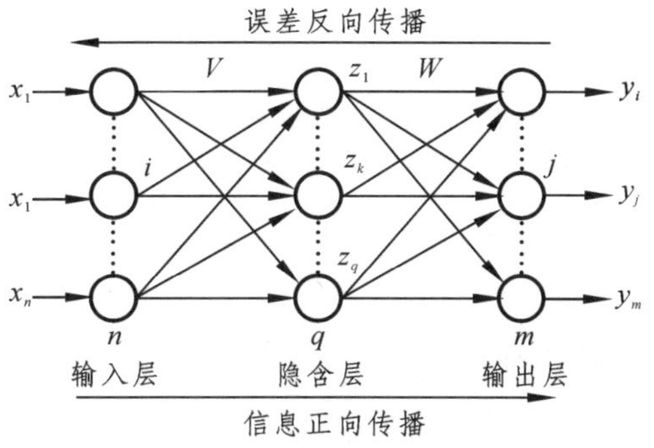

图 5.1　BP 神经网络结构图

5.1.2 SVM 回归算法

支持向量机（Support Vector Machine，SVM）是 Cortes 和 Vapnik 在 1995 年首先提出的，它是以统计学理论为基础专门研究小样本情况下的机器学习方法，在解决小样本、非线性及高维模式识别中表现出许多特有的优势。支持向量机以训练误差为主要的优化约束条件，以置信范围最小化作为优化最终目标，支持向量机是一种非参数统计学习方法，可以应用到数据的分类和回归。

与 BP 神经网络不同的是，支持 SVM 算法是以核函数构成模块，隐式地将数据映射到高维空间来增加学习机的计算能力，这样可以不增加可调参数的个数。SVM 的主要特性有以下 3 点：① SVM 最终转化为一个二次规划问题，从理论上讲可以得到全局最优解，从而解决了传统神经网络无法避免局部最优的问题。② SVM 的拓扑结构由支持向量决定，也避免了传统神经网络需要反复尝试确定网络结构的问题。③ SVM 利用非线性变换将原始变量映射到高维特征空间，在高维特征空间中构造线性回归函数，这既保证了模型具有良好的泛化能力，又解决了“维数灾难”问题。图 5.2 为 SVM 结构示意图。

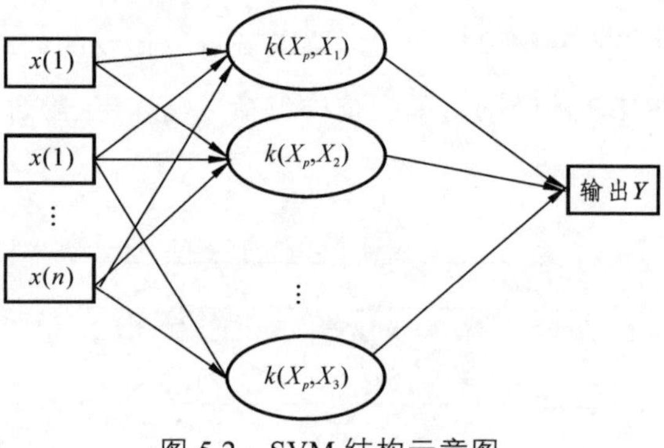

图 5.2　SVM 结构示意图

5.2　数据获取和预处理

为了将低分辨率数据和机器学习语言应用到大尺度不透水面制图的

研究中，首先选取了低分辨率的 DMSP-OLS 数据、MODIS 数据和精度较高的 Landsat OLI 数据，前面的研究已经介绍了 DMSP-OLS 数据的优点，即其主要信息集中在代表不透水面区域的城市地区，因此可用来分析很多关于人类活动的研究，当然也有很多基于 DMSP-OLS 数据的大尺度不透水面制图[167，168]，这里选择稳定灯光数据用于研究。MODIS 数据产品如 Level3，具备很多大尺度区域性研究所必备的优点，该数据已经经过了大气校正和观测角校正，同时也经过了辐射校正；并且 MODIS 数据的很多波段与 Landsat TM/ETM+图像的波段非常相似，具有很强的可比性。此外由于其低分辨率和大范围覆盖的优点，可以用来进行区域性和全球性问题分析研究。为了方便研究这里选择 MODIS NDVI 产品即（MOD13Q1）。研究中为了获得归一化的不透水面密度结果，将 DMSP-OLS 和 MODIS NDVI 分别做归一化运算，方法在前面的公式都已经提到过。除此之外，研究对 Landsat 8 OLI 数据经过水体指数、植被指数的掩膜运算和最后的聚类分析获得不透水面数据。最后所有的遥感影像都重投影到 Arbers 投影坐标下，将上述影像叠加到一起，并采用随机抽样的方法对每层影像提取样点值用于分析。

5.3 BP-ANN 和 SVM 用于不透水面密度制图

因变量是从 Landsat 8 OLI 影像中得到的不透水面参考数据，用平均值方法将像素值从 15 m 分别重采样到 250 m 和 1 000 m，匹配同样像素大小的 NISI，$NDVI_{mean}$（250 m）和 $DMSP\text{-}OLS_{nor}$（1 000 m）。对于自变量 $DMSP\text{-}OLS_{nor}$，$1\text{-}NDVI_{mean}$ 和 NISI，为了建立模型，需要对研究区域每种变量进行随机选点。研究中分别对六个选定的城市即北京，成都，昆明，上海，武汉和乌鲁木齐选点，每个城市选定 400 个样点，总共 2 400 个样点，并将样点对应的坐标提取不同变量值用于输入模型，这样就有基于 $DMSP\text{-}OLS_{nor}$，$NDVI_{mean}$，NISI 和高分辨率参考数据的四套样点值。其中，

1 600 样点用于输入机器学习模型，800 样点用于不透水面制图精度验证。除去 0 值点和参考数据小于 0.05 对应的样点值（通常认为是噪声背景），剩下的有效建模样点为 938，验证样点为 457。

5.3.1 BP-ANN 用于不透水面制图

BP-ANN 已有很多研究用于遥感影像的研究中，包括分类和回归方法，而回归方法是建立融合影像和参考数据之间的关系，并且通过建立的模型估计出想要的结果。先前的研究大多是基于线性回归方法。这里采用 BP-ANN 回归方法建立参考数据和低分辨率遥感数据之间的关系，用于大尺度不透水面分布制图。

BP-ANN 用于大尺度不透水面制图的流程图如 5.3 所示。主要分为以下几步，即首先从 Landsat 8 OLI 获取的不透水面参考数据上选择样点，对应到 NISI 融合影像和单变量 DMSP-OLS$_{nor}$ 和 NDVI$_{mean}$ 图像上的点，并提取对应的样点值；其次输入数据到 BP 神经元网络；再次计算各神经元误差；最

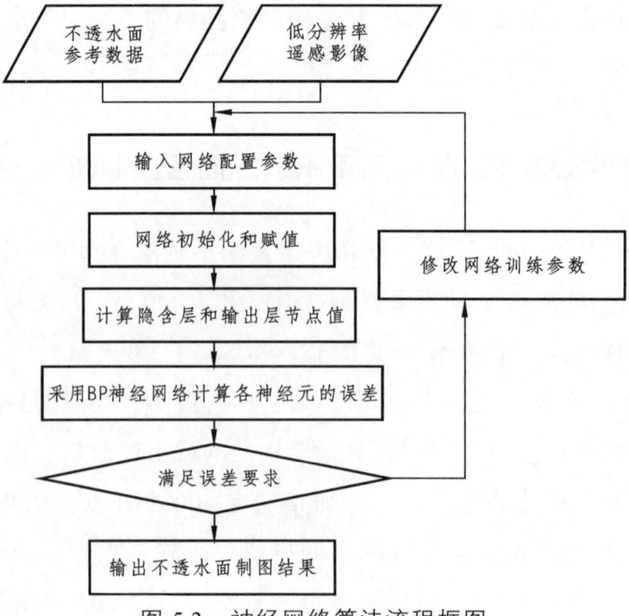

图 5.3 神经网络算法流程框图

后通过误差判断输出基于 NISI 的估计不透水结果。研究中采用 Matlab 软件进行操作，通过不断地调整模型中的网络训练参数得到较优值输出。

5.3.2 SVM 用于不透水面分布制图

支持向量机（Support Vector Machine，SVM）是一种非参数统计学习方法，同样也可以用于分类和回归运算。SVM 具有非参数半自动学习的特点，已经被用到许多遥感应用研究中[169]，目前大多数的研究都是基于遥感图像的分类研究[170]，较少有使用 SVM 回归方法进行大尺度不透水面估算研究。在研究中，SVM 的回归方法简化为 SVR，通过输入参考 ISA 和 DMSP-OLS、MODIS NDVI、融合变量 NISI，获取大尺度不透水面分布结果。

研究使用 LIBSVM 软件作为处理工具，选用高斯径向基核函数（Gaussian Radial Basis Function，RBF）作为 SVR 核函数。LIBSVM 软件是一个用于 SVM 回归和分类的复合软件，关于 LIBSVM 的详细信息可以查询网址（http://www.csie.ntu.edu.tw/~cjlin/libsvm/）。研究主要有四步，SVR 回归方法用于大尺度不透水面制图的流程图如 5.4 所示。首先，从

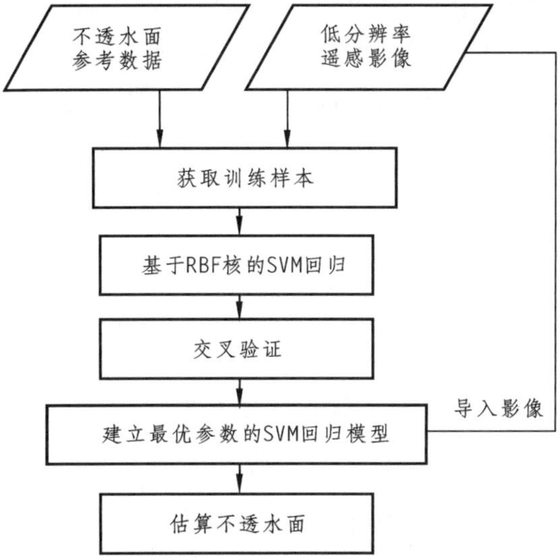

图 5.4 带有 RBF 核函数和交叉验证的 SVR 回归模型估算不透水面流程图

Landsat 8 OLI 获取的不透水面参考数据上选择样点，对应到 NISI 融合影像和单变量 DMSP-OLS$_{nor}$ 和 NDVI$_{mean}$ 图像上的点，并提取对应的样点值。其次，核的选取非常重要，选用非线性的 RBF 核函数并输入样点，通过 SVR 回归模型，建立样点之间非参数的关系。再次，对图像进行操作，以低分辨率图像作为输入变量，通过上一步骤建立的模型，最终得到基于 NISI 的估计不透水结果。

5.4 机器学习方法不透水面制图的结果分析

大尺度不透水面制图，只有好的变量结合好的方法才能得到最优的结果，线性回归方法已经被应用到基于低分辨率的大尺度不透水面研究中，并且得到了较好的效果，在第 3 章的研究中也得到了融合变量 NISI 比其他两个单变量 DMS-OLS 和 MODIS NDVI 的回归效果要好，因此采用上述变量结合机器学习语言的方法来研究变量和方法的结合更好地进行大尺度不透水面制图。

支持向量机和人工神经网络同属于智能算法范畴，但是由于两者主要机制不同，前者是统计学习，基于结构风险最小化；后者是权值学习，基于经验风险最小化。而支持向量机所具有的主要优越性体现在克服了传统方法的大样本要求及样本维数灾难等问题，并在大尺度不透水面制图等非线性问题时计算简便。这两种方法估算的适用性和特点不同，因此有必要将两种机器回归方法与线性回归方法的估算效果进行对比，找出适合大尺度不透水面制图的最佳方法。

研究使用线性回归、BP-ANN 和 SVR 回归方法得到的基于 NISI 融合影像、单变量 DMSP-OLS$_{nor}$ 和 NDVI$_{mean}$ 的不透水面制图结果分别如图 5.5～5.7 所示。从图上可以看出无论哪一种方法应用于 DMSP-OLS$_{nor}$ 都不能解决数据饱和的问题，得到的不透水面空间细节没有另外两种变量效果好，这其实主要是数据变量的原因决定的。而对于基于 NDVI$_{mean}$ 变量的三种方法结果也不甚理想，图上可以看出由于数据自身受到自然条件和地理分布的影响，植被数据分布并不均匀，呈现东高西低的态势，因此无论何种方法都不能从整体上反映出该种变量不适合大尺度区域性不透水面制图研究。但是在局部植被覆盖较好的地区，基于 $NDVI_{mean}$ 都能得到较好的不透水面制图分布信息，并且由于具有更高分辨率，不透水面制图细节也表现更好，这同时也体现了该种数据变量的局限性，只适用于植被分布较好的城市地区。从图 5.5（c）、5.6（c）、5.7（c）基于 NISI 变量和相应的线性回归、机器学习回归等方法可以看出，三种方法都能较好地保持不透水面制图的空间细节，并且三种方法应用于 NISI 得到的大尺度不透水面制图结果都具有更好的适用性，因此可以结合精度分析的方法定量地对所获得的不透水面的结果进行分析，判断哪种方法和变量的结合使用具有最佳的回归效果。

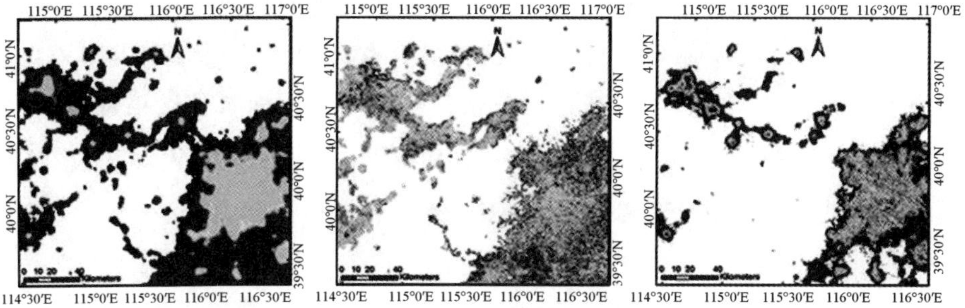

（a）DMSP-OLS_{nor}　　（b）MODIS $NDVI_{mean}$　　（c）NISI

图 5.5　基于三种变量的线性回归估算不透水面结果图

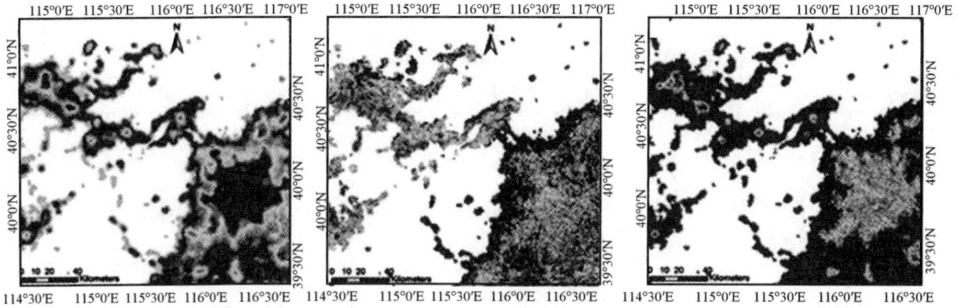

（a）DMSP-OLS_{nor}　　（b）MODIS $NDVI_{mean}$　　（c）NISI

图 5.6　基于三种变量的 BP-ANN 回归估算不透水面结果图

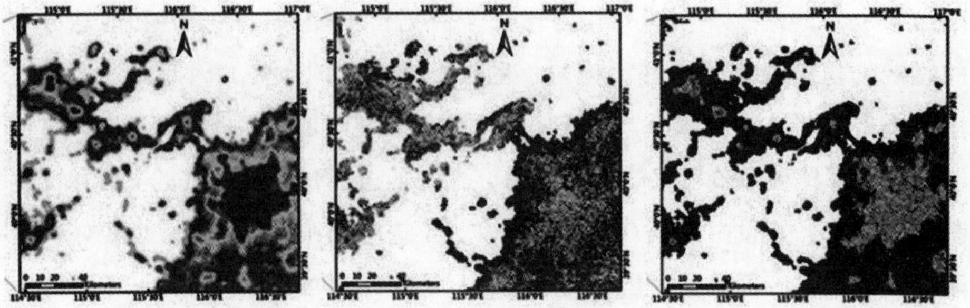

（a）DMSP-OLS_{nor}　　（b）MODIS $NDVI_{mean}$　　（c）NISI

图 5.7　基于三种变量的 SVR 回归估算不透水面结果图

精度分析是大尺度不透水面制图的重要部分，研究中仍然使用上面研究提到的相关系数 R 和均方根误差 RMSE 来评价获得的不透水面结果，分析中分别对三种变量（DMSP-OLS，MODIS NDVI 和 NISI）结合两种机器学习方法进行研究。与此同时，线性回归方法得到的估算结果用来做对比分析。整体估计精度如表 5.1 所示，从中可以看出 DMSP-OLS_{nor}、$NDVI_{mean}$ 以及 NISI 这三种变量的 SVR 回归方法得到的不透水面估计结果都表现出比 BP-ANN 和线性回归方法更高的 R 值和更低的 RMSE 值，说明基于 SVR 回归方法的不透水面密度制图好于 BP-ANN 和线性回归方法。

表 5.1　基于 $NDVI_{mean}$，DMSP-OLS_{nor} 和 NISI 变量的线性回归，BP-ANN 回归和 SVR 模型得到的不透水面精度评估对比

变　量	线性回归		BP-ANN 回归		SVR 回归	
	R	RMSE	R	RMSE	R	RMSE
DMSP-OLS_{nor}	0.759	0.137	0.790	0.125	0.802	0.129
$NDVI_{mean}$	0.601	0.169	0.724	0.145	0.771	0.146
NISI	0.820	0.121	0.822	0.120	0.850	0.121

对于 DMSP-OLS_{nor}，$NDVI_{mean}$ 以及 NISI 变量来说，基于 NISI 的不透水面估计精度不论是线性方法还是机器学习语言回归方法，得到的结果在三者里面都是最好的。基于 NISI 的 SVR 回归方法 R 值最高为 0.85，最低 RMSE 值为 0.12。基于 $NDVI_{mean}$ 变量的线性回归方法精度最低，其中 R 值只有 0.60，RMSE 为 0.17，说明，单变量的 $NDVI_{mean}$ 数据虽然用于不透水

面制图，但是对于大尺度不透水面制图来说精度并不高，通过对比更高分辨率的 DMSP-OLS$_{nor}$ 数据不透水面估计精度（*R* 为 0.76，RMSE 为 0.14），说明低分辨率的 DMSP-OLS 数据比更高分辨率的植被数据更适合进行大尺度不透水面制图。但重点是，选用的样本分布在城市和城市周边地区，对于大尺度的不透水面制图植被数据并不适用。NISI 作为两者之间结合的变量，既能改进不透水面制图的空间细节又能将分布于城市之外的植被数据排除于不透水面制图之外。既然已经获得了 SVR 回归比 BP-ANN 回归方法有更好的效果，因此仅对线性回归和 SVR 回归方法结合相应的参考数据作散点图来说明机器学习语言和线性回归的精度，如图 5.8 所示，进一步表明基于 NISI 的 SVR 回归方法不透水面制图的效果最好。相反地，基于 DMSP-OLS$_{nor}$ 方法则具有较差的回归表现，基于 DMSP-OLS$_{nor}$ 线性回归方法在值为 0.65 左右已经出现饱和，SVR 回归虽然改善了 DMSP-OLS$_{nor}$ 数据的回归精度，但是其值在 0.85 左右仍然饱和，该数据低分辨率和较低变化范围的特点表明其不能很好地表现出估计不透水面密度的空间分布格局。

以上的分析得到 SVR 回归方法是三种方法里面精度最高的，因此为了验证该方法的通用性，将 SVR 回归方法结合三种变量应用于不同的城市，来对比不透水面的制图精度，并判断变量和方法结合的鲁棒性，其精度结果如表 5.2 所示。从表中可以看出 NISI 结合 SVR 回归方法比所有的 NDVI 结合 SVR 回归方法表现要好，对比 DMSP-OLS 和 SVR 回归方法结合的结果发现，在除了乌鲁木齐之外的所有城市都是最高的，说明结合了灯光数据的 NISI 能改善植被用于不透水面制图的精度，但是在植被覆盖较少尤其是沙漠包围的城市仍然表现得比单变量的 DMSP-OLS 数据稍低。但是相对于单变量的 DMSP-OLS 数据，NISI 提高了城市不透水面制图的空间变化信息，其空间分辨率更高，而且在城市地区解决了 DMSP-OLS 数据一致存在的数据饱和问题，这种结果也与第 3 章中探讨的结果类似，这里机器学习语言具有更高的回归精度。对于每个研究区域的制图结果如图 5.9 所示，该图也表明了 SVR 回归分析用于三种变量的精度分析所得出的结论。

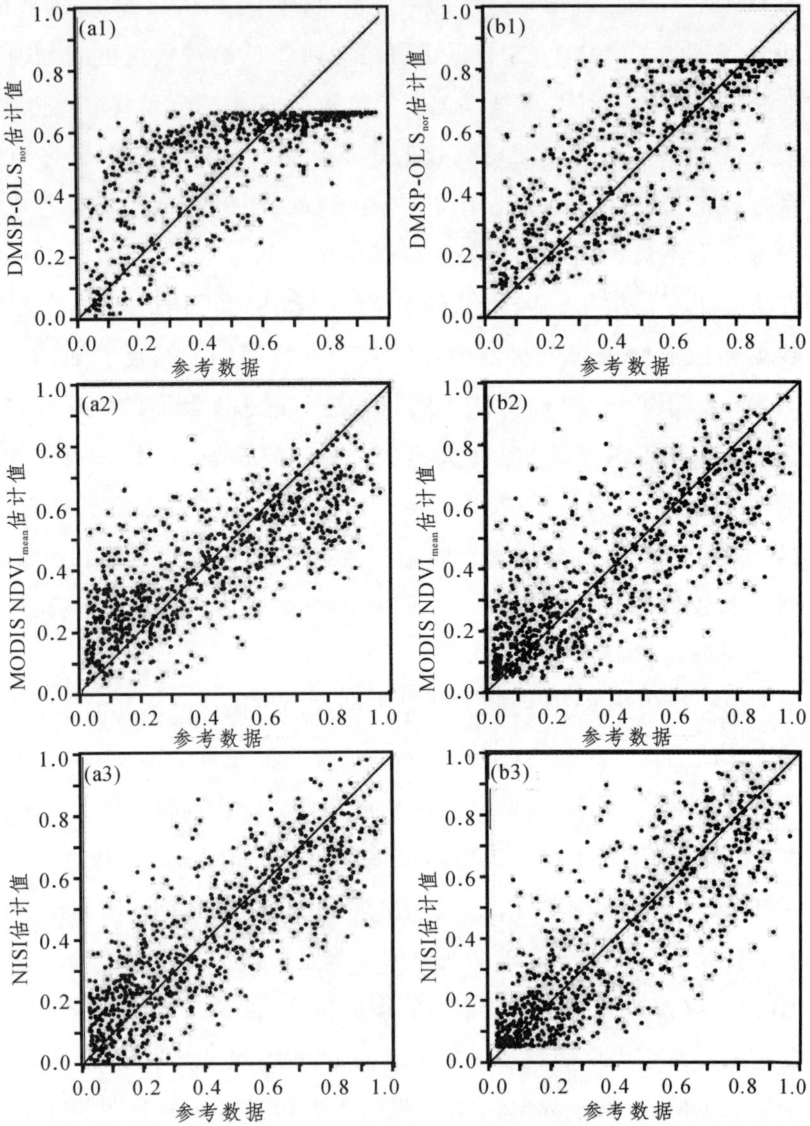

（a1）基于 DMSP-OLS$_{nor}$ 的线性回归；（a2）基于 NDVI$_{mean}$ 的线性回归；（a3）基于 NISI 的线性回归；（b1）基于 DMSP-OLS$_{nor}$ 的 SVR；（b2）基于 NDVI$_{mean}$ 的 SVR；（b3）基于 NISI 的 SVR）。

图 5.8 基于线性回归和 SVR 模型的参考数据和不透水面估计值的散点图对比

表 5.2 研究区每个城市的三变量 SVR 回归方法精度对比

城市	DMSP-OLS$_{nor}$		NDVI$_{mean}$		NISI	
	R	RMSE	*R*	RMSE	*R*	RMSE
北京	0.769	0.149	0.902	0.114	0.899	0.124
上海	0.778	0.145	0.873	0.139	0.886	0.144
武汉	0.798	0.143	0.783	0.166	0.834	0.157
成都	0.845	0.137	0.894	0.119	0.912	0.110
昆明	0.852	0.148	0.827	0.206	0.851	0.177
乌鲁木齐	0.808	0.169	0.580	0.229	0.775	0.179

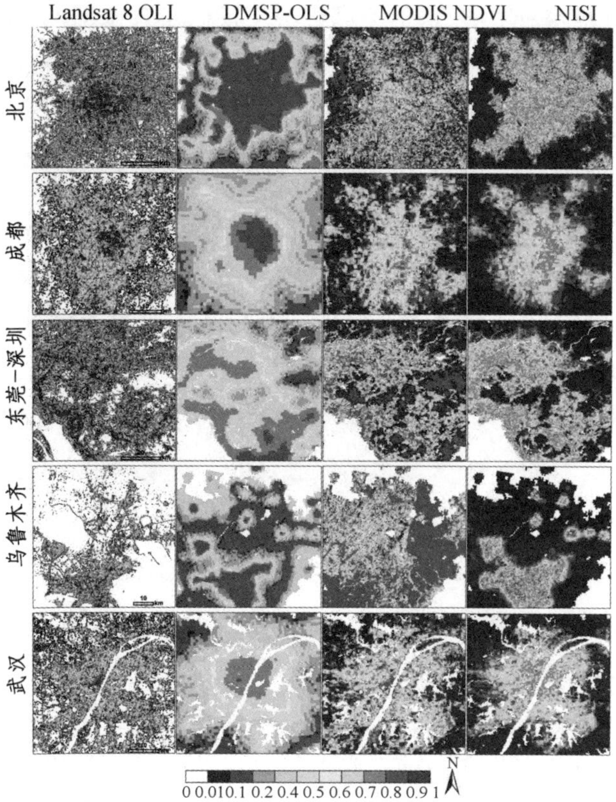

图 5.9 基于三种变量的 SVR 回归用于不同城市估算不透水面结果图

DMSP-OLS 数据经常被用来进行大尺度不透水面制图研究，但研究方法仍然很单一，主要是阈值法和线性回归和多元回归方法，提出的结合

DMSP-OLS 和更高分辨率的 MODIS NDVI 的融合变量 NISI 不仅在线性回归方法能得到比其他两个单变量更好的回归结果，而且基于机器学习语言的 NISI 变量也比其他两个变量的回归精度高，即融合变量结合机器学习语言的回归方法是目前所能得到的精度较高的不透水面制图结果。从变量方面来说，NISI 结合了 DMS-OLS 数据的优点，将研究范围聚焦在城市不透水面区域，也同时具备了 MODIS NDVI 数据在城市地区较高的动态变化范围及较好的与不透水面分布相反的关系，尤其是具备 MODIS NDVI 数据较高的空间分辨率，能从更高的空间细节上反映不透水面的空间分布格局。从方法来说，机器学习语言 BP-ANN，SVR 都比传统的线性回归方法具有优势，涉及到研究中采用 NISI 变量和 SVR 回归方法结合在所有的变量和方法组合当中具有最高的不透水面估算精度[30]。

大尺度不透水面制图研究只有最好的变量结合最好的方法才能得到最好的不透水面制图结果，对比传统的基于 DMSP-OLS 单变量的阈值法和基于 NISI 融合变量的 SVR 分类方法，发现基于融合变量 NISI 的 SVR 回归方法具有更好的不透水面空间变化特征，如图 5.10 所示，武汉地区不同阈值方法、SVR 分类方法以及 SVR 回归方法用于不透水面制图的结果对比。基于单变量 DMSP-OLS 的多阈值法仍旧存在数据饱和和低空间分辨率等缺点，不能准确描述不透水面密度空间信息［见图（5.10（a）］。基于 NISI 的 SVR 分类方法，由于变量是融合变量，其制图结果基本上能反映出不透水面轮廓［见图 5.10（b）］。基于本文提出的 NISI 融合变量结合 SVR 回归方法如图 5.10（c）所示，既能表现出城市不透水面轮廓，又能区分城市不透水面密度信息，因此采用融合变量 NISI 和 SVR 回归方法是目前大尺度不透水面制图的可靠方法。

利用 DMSP-OLS 数据及其合成变量进行大尺度不透水面制图已经有一些研究，但方法主要还是基于单变量 DMSP-OLS 的阈值法，或者是基于 DMSP-OLS 和其他低分辨遥感影像的线性回归和多元回归方法。而机器学习语言方法以其较高的自动化和非参数运算相较于简单地回归方法往往具有更高的精度，研究中主要利用 BP-ANN 回归方法，SVR 回归方法结合本文提出的 NISI 变量进行大尺度不透水面制图，并与相同研究区域的线性回归方法作对比，得出基于合成变量的机器学习语言方法精度比线性回归方法精度高。并且 SVR 回归方法比 BP-ANN 回归方法有更高的精度，SVR 回归方法相较于 BP-ANN 方法有更高的运算效率。通过 SVR 回归方法结合本书提出的新的融合变量 NISI 具有更好的不透水面空间分布格局和更高的制图精度，因此推荐 SVR 回归方法结合融合变量 NISI 用于大尺度不透水面密度分布制图。

图 5.10 武汉地区不同阈值方法、SVR 分类方法以及
SVR 回归方法用于不透水面制图的结果对比图

6

PART ONE

结论与展望

6.1 主要研究成果

本书主要以灯光数据和植被数据为数据源研究大尺度不透水面制图，并采用灯光数据 MODIS NDVI 相结合的方式寻找新的变量以期提高大尺度不透水面制图精度，探索新的方法应用于新的变量，用目前所得到的新的变量结合好的方法进行大尺度不透水面密度制图，描述城市不透水面的时空分布特征，服务于环境监测、水循环建模及城市发展决策等领域。本书的研究成果主要分为以下五个方面：

（1）研究主要是通过对高分辨率的 Landsat OLI 数据进行处理，获取分辨率较高不透水面数据作为低分辨率遥感数据获取大尺度不透水面的参考数据。区别于以往的基于 LSMA 方法的不透水面制图方法。主要包括：① 数据融合产生更高空间分辨率的融合影像；② 通过植被指数和水体指数掩膜图像中的水体和植被；③ 对处理过后的掩膜图像进行非监督分类；④ 将分类结果归并到不透水面和非不透水面两类，并结合 Google Earth 高分辨率影像进行目视验证。该处理方法简单快速，是一种中高分辨率遥感影像制图不透水面数据的可供参考的方法。

（2）通过将 DMSP-OLS 与 MODIS NDVI 数据相结合的方式，产生新的融合变量，克服传统的基于单一 DMSP-OLS 数据阈值法容易漏掉较小的城镇和村庄的不透水面的缺点。研究中使用线性回归方法，分别对变量回归结果对比从 Landsat 数据获取的不透水面数据，证明了本文所提出融合变量的优越性。即获得了相对于单变量的植被数据和 DMSOP-OLS 更高的不透水面制图精度，更能表现出不透水面的空间分布细节。

（3）VIIRS-DNB 具有较高的空间分辨率和数据动态变化范围，为研究夜间城市灯光信息提供了一种新的视角。针对夜间灯光数据 VIIRS-DNB，主要根据 VIIRS-DNB 数据的特点，对数据进行预处理，产生新的可用于大尺度不透水面制图的新变量，新变量通过结合 VIIRS-DNB 和 MODIS NDVI 和 PROBA-V 进行大尺度不透水面制图，并且使用 Landsat 获取的较为准确的高分辨率的不透水面数据进行验证，结果证明 VIIRS-DNB 及其融合变量具有较好的大尺度不透水面密度制图的潜力。

（4）研究主要使用相关系数 R 和均方根误差 RMSE 来估算研究区离散不透水面精度。并且将不透水面密度分级进行精度评价，分别为极低、低、中、高和极高。并且针对不同地理位置和经济发展水平的每个采样城市进行精度评估，以便消除由经济和地理要素引起的影响，该方法可以用于验证低分辨数据大尺度不透水面制图的鲁棒性。

（5）针对目前机器学习语言回归算法用于低分辨率遥感影像的不透水面制图这项研究较少的情况，主要通过从新的变量和高分辨率遥感影像获取的参考数据选取样点，利用线性回归、BP-ANN 回归和 SVR 回归方法获取大尺度不透水面密度，对比结果，实现不透水面制图的半自动运算，并且证明机器学习语言用于大尺度不透水面制图的回归运算具有比线性回归更高的精度，融合变量结合机器学习语言比单变量结合机器学习语言不透水面制图精度高。

6.2 研究中存在的不足与今后工作展望

本书提出了基于 DMSP-OLS 和 MODIS NDVI 结合的变量 NISI，对大尺度不透水面制图具有较好的效果，相对之前的合成变量在制图精度上有所提高，但是未来仍可以发展其他的更适合基于上述两种单变量的融合变量，并且还可以通过 DMSP-OLS 与其他数据变量结合用于大尺度不透水面制图，如结合可以区别市区与郊区的热红外的影像。

另外，DMSP-OLS 由于有较长时间的观测数据，因此用来做不透水面的变化监测，目前已有相关研究[31,36,46]，因此未来可将本文提出的融合变量 NISI 应用到大尺度不透水面变化监测研究。

VIIRS-DNB 具有比 DMSP-OLS 数据更高的空间分辨率和动态变化范围，本文中已经证实其具有大尺度不透水面制图的潜力。但是 VIIRS-DNB 数据本身仍旧存在许多问题，如极值，噪声背景问题。研究只是用阈值法将噪声背景去除，毕竟阈值法具有较大的主观性，不可避免地会带来人为误差，有些研究已经开始使用 DMSP-OLS 数据掩膜 VIIRS-DNB 数据去除噪声背景，但是此方法的缺点是去除了一些村庄和小城镇等具有较弱等光数据，容易遗漏这些地区的不透水面。因此未来可以开发更好的基于 VIIRS-DNB 数据的校正和去噪声算法，使之能用于城市不透水面制图，同时具有较高的制图精度。

本书中使用机器学习语言 BP-ANN 和 SVR 回归方法进行大尺度不透水面密度分布制图，获得了比线性回归更高的不透水面制图精度，但是机器学习语言不止于目前所尝试使用的这两种，比如决策树，随机森林等都可以用来进行大尺度不透水面的制图，研究中还没有对上述提到的机器学习语言进行对比分析，未来可以借助不同的机器学习算法进行不透水面制图分析。

参考文献

[1] Arnold C L, Gibbons C J. Impervious Surface Coverage: The Emergence of a Key Environmental Indicator[J]. Journal of the American Planning Association, 1996, 62(2): 243-258.

[2] Slonecker E T, Jennings D B, Garofalo D. Remote sensing of impervious surfaces: A review[J]. Remote Sensing Reviews, 2001, 20(3):227-255.

[3] Weng Q. Modeling Urban Growth Effects on Surface Runoff with the Integration of Remote Sensing and GIS[J]. Environmental Management, 2001, 28(6): 737-748.

[4] 王浩，吴炳方，李晓松，等. 流域尺度的不透水面遥感提取[J]. 遥感学报, 2011, 15(2): 388-400.

[5] 岳文泽. 基于遥感影像的城市景观格局及其热环境效应研究[M]. 北京：科学出版社, 2008.

[6] Yuan F, Bauer M E. Comparison of impervious surface area and normalized difference vegetation index as indicators of surface urban heat island effects in Landsat imagery[J]. Remote Sensing of Environment, 2007. 106(3): 375-386.

[7] Kuang W H, Liu J Y, Zhang Z X, et al. Spatiotemporal dynamics of impervious surface areas across China during the early 21st century[J]. Chinese Science Bulletin, 2012, 58(14): 1691-1701.

[8] Zhang Q, Schaaf C, Seto K C. The Vegetation Adjusted NTL Urban Index: A new approach to reduce saturation and increase variation in nighttime luminosity[J]. Remote Sensing of Environment, 2013, 129: 32-41.

[9] 何春阳，史培军，李景刚，等．基于 DMSP/OLS 夜间灯光数据和统计数据的中国大陆 20 世纪 90 年代城市化空间过程重建研究[J]. 科学通报, 2006(7): 856-861.

[10] Lu D, Hetrick S, Moran E. Impervious surface mapping with Quickbird imagery[J]. International Journal of Remote Sensing, 2011, 32(9): 2519-2533.

[11] Lu D, Weng Q. Extraction of urban impervious surfaces from an IKONOS image[J]. International Journal of Remote Sensing, 2009, 30(5): 1297-1311.

[12] Lu D, Weng Q. Spectral Mixture Analysis of the Urban Landscape in Indianapolis with Landsat ETM+ Imagery[J]. Photogrammetric Engineering & Remote Sensing, 2004, 70(9): 1053-1062.

[13] Wu C. Normalized spectral mixture analysis for monitoring urban composition using ETM+ imagery[J]. Remote Sensing of Environment, 2004, 93(4): 480-492.

[14] Goetz S J Wright R K, Smith A J, et al. IKONOS imagery for resource management: Tree cover, impervious surfaces, and riparian buffer analyses in the mid-Atlantic region[J]. Remote Sensing of Environment, 2003, 88(1-2): 195-208.

[15] Powell R L, Roberts D A, Dennison P E, et al. Sub-pixel mapping of urban land cover using multiple endmember spectral mixture analysis: Manaus, Brazil[J]. Remote Sensing of Environment, 2007 , 106(2): 253-267.

[16] Rashed T, Roberts D, Rogan J, et al. Measuring the Physical Composition of Urban Morphology Using Multiple Endmember Spectral Mixture Models[J]. Photogrammetric Engineering & Remote Sensing, 2003 , 69(9): 1011-1020.

[17] Phinn S, Stanford M, Scarth P, et al. Monitoring the composition of urban environments based on the vegetation-impervious surface-soil (VIS) model by subpixel analysis techniques[J]. International Journal of Remote Sensing, 2002, 23(20): 4131-4153.

[18] Hu X, Weng Q. Estimating impervious surfaces from medium spatial resolution imagery using the self-organizing map and multi-layer perceptron neural networks[J]. Remote Sensing of Environment, 2009, 113(10): 2089-2102.

[19] Wu C, Murray A T. Estimating impervious surface distribution by spectral mixture analysis[J]. Remote Sensing of Environment, 2003, 84(4): 493-505.

[20] Lu D, Weng Q. Spectral mixture analysis of ASTER images for examining the relationship between urban thermal features and biophysical descriptors in Indianapolis, Indiana, USA[J]. Remote Sensing of Environment, 2006, 104(2): 157-167.

[21] Lu D, Weng Q. Use of impervious surface in urban land-use classification[J]. Remote Sensing of Environment, 2006, 102(1-2): 146-160.

[22] Henderson M, Yeh E T, Gong P, et al. Validation of urban boundaries derived from global night-time satellite imagery[J]. International Journal of Remote Sensing, 2003, 24(3): 595-609.

[23] Brabec E, Schulte S, Richards P L. Impervious Surfaces and Water Quality: A Review of Current Literature and Its Implications for Watershed Planning[J]. Journal of Planning Literature, 2002, 16(4): 499-514.

[24] Buyantuyev A, Wu J. Urban heat islands and landscape heterogeneity: linking spatiotemporal variations in surface temperatures to land-cover

and socioeconomic patterns[J]. Landscape Ecology, 2009, 25(1): 17-33.

[25] Sutton P, Roberts D, Elvidge C, et al. Census from Heaven: An estimate of the global human population using night-time satellite imagery[J]. International Journal of Remote Sensing, 2010, 22(16): 3061-3076.

[26] Powell S L, Cohen W B, Yang Z, et al. Quantification of impervious surface in the Snohomish Water Resources Inventory Area of Western Washington from 1972—2006[J]. Remote Sensing of Environment, 2008, 112(4):1895-1908.

[27] Small C. The Landsat ETM+ spectral mixing space[J]. Remote Sensing of Environment, 2004, 93(1-2): 1-17.

[28] Kuang W, Li G, Moran E, et al. Methods to extract impervious surface areas from satellite images[J]. International Journal of Digital Earth, 2013, 7(2): 93-112.

[29] Ma T, Zhou Y K, Zhou C H. et al. Night-time light derived estimation of spatio-temporal characteristics of urbanization dynamics using DMSP/OLS satellite data[J]. Remote Sensing of Environment, 2015, 158: 453-464.

[30] Guo W, Lu D, Kuang W. Improving Fractional Impervious Surface Mapping Performance through Combination of DMSP-OLS and MODIS NDVI Data[J]. Remote Sensing, 2017, 9(4).

[31] Zhang Q, Seto K C. Mapping urbanization dynamics at regional and global scales using multi-temporal DMSP/OLS nighttime light data[J]. Remote Sensing of Environment, 2011, 115(9): 2320-2329.

[32] Meng L, Graus W, Worrell E, et al. Estimating CO_2 (carbon dioxide) emissions at urban scales by DMSP/OLS (Defense Meteorological Satellite Program's Operational Linescan System) nighttime light imagery: Methodological challenges and a case study for China[J]. Energy, 2014,

71: 468-478.

[33] Shi K， Yu B， Huang Y. et al. Evaluating the Ability of NPP-VIIRS Nighttime Light Data to Estimate the Gross Domestic Product and the Electric Power Consumption of China at Multiple Scales: A Comparison with DMSP-OLS Data[J]. Remote Sensing, 2014, 6(2): 1705-1724.

[34] Wang S, Liu X. China's city-level energy-related CO_2 emissions: Spatiotemporal patterns and driving forces[J]. Applied Energy, 2017, 200: 204-214.

[35] Shi K，Yu B，Zhou Y, et al. Spatiotemporal variations of CO_2 emissions and their impact factors in China: A comparative analysis between the provincial and prefectural levels[J]. Applied Energy, 2019,233-234: 170-181.

[36] Ma T, Zhou C, Tao P, et al. Quantitative estimation of urbanization dynamics using time series of DMSP/OLS nighttime light data: A comparative case study from China's cities[J]. Remote Sensing of Environment, 2012, 124: 99-107.

[37] Stokes E C, Seto K C. Characterizing urban infrastructural transitions for the Sustainable Development Goals using multi-temporal land, population, and nighttime light data[J]. Remote Sensing of Environment, 2019, 234.

[38] Elvidge C D, Baugh K E, Zhizhin M, et al. Why VIIRS data are superior to DMSP for mapping nighttime lights[J]. Proceedings of the Asia-Pacific Advanced Network, 2013, 35(0).

[39] Li X, Zhao L, Li D, et al. Mapping Urban Extent Using Luojia 1-01 Nighttime Light Imagery[J]. Sensors (Basel), 2018, 18(11).

[40] Zhang G, Li L, Jiang Y, et al. On-Orbit Relative Radiometric Calibration of the Night-Time Sensor of the LuoJia1-01 Satellite[J]. Sensors (Basel), 2018, 18(12).

[41] Zheng Q, Weng Q, Huang L, et al. A new source of multi-spectral high spatial resolution night-time light imagery—JL1-3B[J]. Remote Sensing of Environment, 2018, 215: 300-312.

[42] 可持续发展科学卫星 1 号首批影像发布[J]. 红外, 2021, 42(12): 50.

[43] Elvidge C D, Safran J, Tuttle B, et al. The Geography of Global Population Dynamics || Potential for global mapping of development via a nightsat mission[J]. Geojournal, 2007, 69(1-2):45-53.

[44] Elvidge C D, Baugh K E, Kihn E A, et al. Mapping city lights with nighttime data from the DMSP Operational Linescan System[J]. Eng & Remote Sens, 1997, 63(6): 727-734..

[45] Imhoff M L, Lawrence W T, CD Elvidge, et al. Using nighttime DMSP/OLS images of city lights to estimate the impact of urban land use on soil resources in the United States[J]. Remote Sensing of Environment, 1997, 59(1): 105-117.

[46] Liu Z, He C, Zhang Q, et al. Extracting the dynamics of urban expansion in China using DMSP-OLS nighttime light data from 1992 to 2008[J]. Landscape and Urban Planning, 2012, 106(1): 62-72.

[47] Elvidge C D, Erwin E H, Baugh K E, et al. Overview of DMSP nightime lights and future possibilities[C]// Urban Remote Sensing Event. IEEE, 2009.

[48] Small C, F Pozzi, Elvidge C D. Spatial analysis of global urban extent from DMSP-OLS night lights[J]. Remote Sensing of Environment, 2005, 96(3-4):277-291.

[49] Sutton P, Roberts D, Elvidge C, et al. A Comparison of Nighttime Satellite Imagery and Population Density for the Continental United States[J]. Photogrammetric Engineering and Remote Sensing, 1997, 63(11): 1303-1313.

[50] Sutton P C. A scale-adjusted measure of "Urban sprawl" using nighttime satellite imagery[J]. Remote Sensing of Environment, 2003, 86(3): 353-369.

[51] Milesi C, Elvidge C D, Nemani R R, et al. Assessing the environmental impacts of human settlements using satellite data[J]. Management of Environmental Quality An International Journal, 2003, 14(1): 99-107.

[52] 陈晋，卓莉，史培军，等. 基于DMSP/OLS数据的中国城市化过程研究——反映区域城市化水平的灯光指数的构建[J]. 遥感学报, 2003, 7(3): 9.

[53] Lu D, Tian H, Zhou G, et al. Regional mapping of human settlements in southeastern China with multisensor remotely sensed data[J]. Remote Sensing of Environment, 2008， 112(9): 3668-3679.

[54] Weng Q, Lu D, Schubring J. Estimation of land surface temperature-vegetation abundance relationship for urban heat island studies[J]. Remote Sensing of Environment, 2004. 89(4): 467-483.

[55] Xin C, Chen J, Imura H, et al. A SVM-based method to extract urban areas from DMSP-OLS and SPOT VGT data[J]. Remote Sensing of Environment, 2009, 113(10): 2205-2209.

[56] Pandey B, Joshi P K, Seto K C. Monitoring urbanization dynamics in India using DMSP/OLS night time lights and SPOT-VGT data[J]. International Journal of Applied Earth Observation and Geoinformation, 2013, 23: 49-61.

[57] Yang Y, He C, Zhang Q, et al. Timely and accurate national-scale mapping of urban land in China using Defense Meteorological Satellite Program's Operational Linescan System nighttime stable light data[J]. Journal of Applied Remote Sensing, 2013, 7(1): 1-19.

[58] Ma L, Wu Ji， Li W, et al. Evaluating Saturation Correction Methods for

DMSP/OLS Nighttime Light Data: A Case Study from China's Cities[J]. Remote Sensing, 2014. 6(10): 9853-9872.

[59] 卓莉, 张晓帆, 郑璟,等. 基于 EVI 指数的 DMSP / OLS 夜间灯光数据去饱和方法[J]. 地理学报, 2015, 70(008): 1339-1350.

[60] Imhoff M L, Lawrence W T, Stutzer D C, et al. A technique for using composite DMSP/OLS "City Lights" satellite data to map urban area[J]. Remote Sensing of Environment, 1997, 61(3): 361-370.

[61] Wei Y, Liu H, Song W, et al. Normalization of time series DMSP-OLS nighttime light images for urban growth analysis with Pseudo Invariant Features[J]. Landscape & Urban Planning, 2014, 128: 1-13.

[62] Tao X, Ting M, Chenghu Z, et al. Characterizing Spatio-Temporal Dynamics of Urbanization in China Using Time Series of DMSP/OLS Night Light Data[J]. Remote Sensing, 2014, 6(8): 7708-7731.

[63] Yu B, Shu S, Liu H, et al. Object-based spatial cluster analysis of urban landscape pattern using nighttime light satellite images: a case study of China[J]. International Journal of Geographical Information Science, 2014, 28(11-12): 2328-2355.

[64] Zhou Y, Smith S J, Elvidge C D, et al. A cluster-based method to map urban area from DMSP/OLS nightlights[J]. Remote Sensing of Environment, 2014, 147: 173-185.

[65] Zhou Y, Smith S J, Zhao K, et al. A global map of urban extent from nightlights[J]. Environmental Research Letters, 2015, 10(5): 054011.

[66] Deng C, Wu C. The use of single-date MODIS imagery for estimating large-scale urban impervious surface fraction with spectral mixture analysis and machine learning techniques[J]. Isprs Journal of Photogrammetry & Remote Sensing, 2013, 86(dec.): 100-110.

[67] Friedl M A, Mciver D K, Hodges J, et al. Global land cover mapping from

MODIS: algorithms and early results[J]. Remote Sensing of Environment, 2002, 83(1-2): 287-302.

[68] Knight J, Voth M. Mapping Impervious Cover Using Multi-Temporal MODIS NDVI Data[J]. IEEE Journal of Selected Topics in Applied Earth Observations and Remote Sensing, 2011, 4(2): 303-309.

[69] Mertes C M, Schneider A, Sulla-Menashe D, et al. Detecting change in urban areas at continental scales with MODIS data[J]. Remote Sensing of Environment, 2015, 158: 331-347.

[70] Schneider A, Friedl M A, Potere D. A new map of global urban extent from MODIS satellite data[J]. Environmental Research Letters, 2009, 4(4): 44003-44011.

[71] Schneider A, Friedl M A, Potere D. Mapping global urban areas using MODIS 500-m data: New methods and datasets based on 'urban ecoregions'[J]. Remote Sensing of Environment, 2010, 114(8): 1733-1746.

[72] Yang F, Matsushita B, Fukushima T, et al. Temporal mixture analysis for estimating impervious surface area from multi-temporal MODIS NDVI data in Japan[J]. ISPRS Journal of Photogrammetry & Remote Sensing, 2012, 72(3): 90-98.

[73] Ma Q, He C, Wu J, et al. Quantifying spatiotemporal patterns of urban impervious surfaces in China: An improved assessment using nighttime light data[J]. Landscape & Urban Planning, 2014, 130: 36-49.

[74] Matsuoka M, Hayasaka T, Fukushima Y, et al. Land cover in East Asia classified using terra MODIS and DMSP OLS products[J]. International Journal of Remote Sensing, 2007, 28(2): 221-248.

[75] Sha Z, Liu C. The Integrated Use of DMSP-OLS Nighttime Light and MODIS Data for Monitoring Large-Scale Impervious Surface Dynamics:

A Case Study in the Yangtze River Delta[J]. Remote Sensing, 2014, 6(10): 9359-9378.

[76] Zhang X, Li P, Cai C. Regional Urban Extent Extraction Using Multi-Sensor Data and One-Class Classification[J]. Remote Sensing, 2015, 7(6):7671-7694.

[77] Ruifang H, Deyong Y, Yun S, et al. Integrating Multiple Source Data to Enhance Variation and Weaken the Blooming Effect of DMSP-OLS Light[J]. Remote Sensing, 2015, 7(2): 1422-1440.

[78] Sutton P C, Elvidge C D, Baugh K, et al. Mapping the Constructed Surface Area Density for China[J]. Proceedings of the Asia-Pacific Advanced Network, 2011, 31: 70-79.

[79] Hillger D, Kopp T, Lee T, et al. First-Light Imagery from Suomi NPP VIIRS[J]. Bulletin of the American Meteorological Society, 2013, 94(7): 1019-1029.

[80] Lee T E, Miller S D, Turk F J, et al. The NPOESS VIIRS day/night visible sensor[J]. Bulletin of the American Meteorological Society, 2006, 87(2): 191-199.

[81] Elvidge C D, et al. The VIIRS Day/Night Band: A Flicker Meter in Space?[J].Remote Sensing, 2022, 14(6).

[82] Ma T, Zhou C, Pei T, et al. Responses of Suomi-NPP VIIRS-derived nighttime lights to socioeconomic activity in China's cities[J]. Remote Sensing Letters, 2014, 5(2): 165-174.

[83] Ma T, Zhou Y, Wang Y, et al. Diverse relationships between Suomi-NPP VIIRS night-time light and multi-scale socioeconomic activity[J]. Remote Sensing Letters, 2014, 5(7): 652-661.

[84] Elvidge C D, Baugh K, Zhizhin M, et al. VIIRS night-time lights[J]. International Journal of Remote Sensing, 2017, 38(21): 5860-5879.

[85] 郑启明. 夜间灯光遥感数据处理关键技术与多中心城市监测研究[D]. 杭州：浙江大学, 2020.

[86] 王鹤饶, 郑新奇, 袁涛. DMSP/OLS 数据应用研究综述[J]. 地理科学进展, 2012, 10(1): 11-18.

[87] 舒松, 余柏蒗, 吴健平,等. 基于夜间灯光数据的城市建成区提取方法评价与应用[J]. 遥感技术与应用, 2011，26(02): 169-176.

[88] Elvidge C D, Cinzano P, Pettit D R, et al. The Nightsat mission concept[J]. International Journal of Remote Sensing, 2007, 28(11-12): 2645-2670.

[89] 杨洋, 何春阳, 赵媛媛,等. 利用 DMSP/OLS 稳定夜间灯光数据提取城镇用地信息的分层阈值法研究[J]. 中国图象图形学报, 2011，16(04): 666-673.

[90] Amaral S, Monteiro A M V, Camara G, et al. DMSP/OLS night-time light imagery for urban population estimates in the Brazilian Amazon[J]. International Journal of Remote Sensing, 2006, 27(5): 855-870.

[91] Milesi C, Elvidge C D, Nemani R R, et al. Assessing the impact of urban land development on net primary productivity in the southeastern United States[J]. Remote Sensing of Environment, 2003, 86(3): 401-410.

[92] Lawrence W T, Imhoff M L, Kerle N, et al. Quantifying urban land use and impact on soils in Egypt using diurnal satellite imagery of the Earth surface[J]. International Journal of Remote Sensing, 2002, 23(19): 3921-3937.

[93] Owen T W. Using DMSP-OLS light frequency data to categorize urban environments associated with US climate observing stations[J]. International Journal of Remote Sensing, 2010,19(17): 3451-3456.

[94] Christopher E, Benjamin T, Paul S, et al. Global Distribution and Density of Constructed Impervious Surfaces[J]. Sensors, 2007, 7(9).

[95] Carlson T N, Arthur S T. The impact of land use — land cover changes

due to urbanization on surface microclimate and hydrology: a satellite perspective[J]. Global & Planetary Change, 2000, 25(1): 49-65.

[96] Imhoff M L, Zhang P, Wolfe R E, et al., Remote sensing of the urban heat island effect across biomes in the continental USA[J]. Remote Sensing of Environment, 2010, 114(3): 504-513.

[97] Jennings D B, Jarnagin S T. Changes in anthropogenic impervious surfaces, precipitation and daily streamflow discharge: a historical perspective in a mid-atlantic subwatershed[J]. Landscape Ecology, 2002, 17(5):471-489.

[98] Kaufmann R K, Seto K C, Schneider A, et al. Climate Response to Rapid Urban Growth: Evidence of a Human-Induced Precipitation Deficit[J]. Journal of Climate, 2007, 20(10): 2299-2306.

[99] Seto K C, Giineralp B, Hutyra L R. Global forecasts of urban expansion to 2030 and direct impacts on biodiversity and carbon pools[J]. Proceedings of the National Academy of ences of the United States of America, 2012, 109(40): 16083-16088.

[100] Wu J. Desertification[D].Phoenix: Arizona State University West, 2001.

[101] Zhang Y, Yang D, Zhang X, et al. Regional structure and spatial morphology characteristics of oasis urban agglomeration in arid area —A case of urban agglomeration in northern slope of Tianshan Mountains, Northwest China[J]. Chinese Geographical Science, 2009, 19(4): 341-348.

[102] The spatiotemporal patterns of vegetation coverage and biomass of the temperate deserts in Central Asia and their relationships with climate controls[J]. Remote Sensing of Environment, 2016, 175: 271-281.

[103] Weng Q. Remote sensing of impervious surfaces in the urban areas: Requirements, methods, and trends[J]. Remote Sensing of Environment,

2012, 117(none): 34-49.

[104] Jing W,Yang Y,Yue X,et al. Mapping Urban Areas with Integration of DMSP/OLS Nighttime Light and MODIS Data Using Machine Learning Techniques[J]. Remote Sensing, 2015, 7(9): 12419-12439.

[105] Li Q, Lu L, Weng Q, et al. Monitoring Urban Dynamics in the Southeast U.S.A. Using Time-Series DMSP/OLS Nightlight Imagery[J]. Remote Sensing, 2016, 8(7).

[106] Miller S D, Mills S P, Elvidge C D, et al. Suomi satellite brings to light a unique frontier of nighttime environmental sensing capabilities[J]. Proceedings of the National Academy of Sciences, 2012, 109(39): 15706-15711.

[107] Li X, Xu H, Chen X, et al. Potential of NPP-VIIRS Nighttime Light Imagery for Modeling the Regional Economy of China[J]. Remote Sensing, 2013, 5(6): p. 3057-3081.

[108] Cao C, Xiong J, Blonski S, et al. Suomi NPP VIIRS sensor data record verification, validation, and long-term performance monitoring[J]. Journal of Geophysical Research Atmospheres, 2013, 118(20): 11664-11678.

[109] Guo W, Lu D, Wu Y, et al. Mapping Impervious Surface Distribution with Integration of SNNP VIIRS-DNB and MODIS NDVI Data[J]. Remote Sensing, 2015, 7(9): 12459-12477.

[110] Zhang C, Chen Y, Lu D. Mapping the land-cover distribution in arid and semiarid urban landscapes with Landsat Thematic Mapper imagery[J]. International Journal of Remote Sensing, 2015, 36(17): 4483-4500.

[111] Zhang C, Chen Y, Lu D. Detecting fractional land-cover change in arid and semiarid urban landscapes with multitemporal Landsat Thematic mapper imagery[J]. GIScience & Remote Sensing, 2015, 52(6): 700-722.

[112] Schneider A, Chang C, Paulsen K. The changing spatial form of cities in Western China[J]. Landscape and Urban Planning, 2015. **135**: 40-61.

[113] Carroll M L, Townshend J R, Dimiceli C M, et al. A new global raster water mask at 250 m resolution[J]. International Journal of Digital Earth, 2009, 2(4): 291-308.

[114] Cao X, Wang J, Chen J, et al. Spatialization of electricity consumption of China using saturation-corrected DMSP-OLS data[J]. International Journal of Applied Earth Observations & Geoinformation, 2014, 28: 193-200.

[115] Shi K, Huang C, Yu B, et al. Evaluation of NPP-VIIRS night-time light composite data for extracting built-up urban areas[J]. Remote Sensing Letters, 2014, 5(4-6): 358-366.

[116] Guo W, Zhao C, Zhang Y, et al. Mapping Impervious Surface Distribution and Dynamics in an Arid/Semiarid Area-A Case Study in Ordos, China[J]. IEEE Access, 2021, 9: 19659-19673.

[117] Li G, Li L, Lu D, et al. Mapping impervious surface distribution in China using multi-source remotely sensed data[J]. GIScience & Remote Sensing, 2020, 57(4): 543-552.

[118] Congalton R G. A review of assessing the accuracy of classifications of remotely sensed data[J]. Remote Sensing of Environment, 1991, 37(1): 35-46.

[119] Li G, Lu D,MoranE,et al. Mapping impervious surface area in the Brazilian Amazon using Landsat Imagery[J]. GIScience & remote sensing, 2013, 50(2): 172-183.

[120] Lu D, Li G, Moran E, et al. Mapping impervious surfaces with the integrated use of Landsat Thematic Mapper and radar data: A case study in an urban–rural landscape in the Brazilian Amazon[J]. ISPRS Journal of

Photogrammetry & Remote Sensing, 2011, 66(6): 798-808.

[121] Xie Y, Weng Q. Updating urban extents with nighttime light imagery by using an object-based thresholding method[J]. Remote Sensing of Environment, 2016, 187: 1-13.

[122] Baugh K, Hsu F C, Elvidge C D, et al. Nighttime Lights Compositing Using the VIIRS Day-Night Band: Preliminary Results[J]. Proceedings of the Asia-Pacific Advanced Network, 2013. 35(0).

[123] Elvidge C D, Baugh K E, Anderson S J, et al. The Night Light Development Index (NLDI): a spatially explicit measure of human development from satellite data[J]. Social Geography & Discussions, 2012, 7(1): 23-35.

[124] Zhao N, Hsu F C, Cao G, et al. Improving accuracy of economic estimations with VIIRS DNB image products[J]. International Journal of Remote Sensing, 2017, 38(21): 5899-5918.

[125] Shi K, Yu B, Hu Y, et al. Modeling and mapping total freight traffic in China using NPP-VIIRS nighttime light composite data[J]. Mapping Sciences & Remote Sensing, 2015, 52(3): 274-289.

[126] 卓莉, 李强, 史培军. 基于夜间灯光数据的中国城市用地扩展类型[J]. 地理学报, 2006(02): 169-178.

[127] 王翠平, 王豪伟, 李春明,等. 基于 DMSP/OLS 影像的我国主要城市群空间扩张特征分析[J]. 生态学报, 2012, 32(03): 942-954.

[128] 徐梦洁, 陈黎, 刘焕金, 等. 基于 DMSP/OLS 夜间灯光数据的长江三角洲地区城市化格局与过程研究[J]. 国土资源遥感, 2011(03): 106-112.

[129] 吴健生, 刘浩, 彭建, 等. 中国城市体系等级结构及其空间格局——基于 DMSP/OLS 夜间灯光数据的实证[J]. 地理学报, 2014, 69(006): 759-770.

[130] 吴健生，牛妍，彭建，等. 基于 DMSP/OLS 夜间灯光数据的 1995—2009 年中国地级市能源消费动态[J]. 地理研究, 2014(4): 10.

[131] 杨洋，黄庆旭，章立玲. 基于 DMSP/OLS 夜间灯光数据的土地城镇化水平时空测度研究——以环渤海地区为例[J]. 经济地理, 2015(2): 9.

[132] Kuang W, Chi W, Lu D, et al. A comparative analysis of megacity expansions in China and the U.S.: Patterns, rates and driving forces[J]. Landscape & Urban Planning, 2014, 132: 121-135.

[133] Schneider A. Monitoring land cover change in urban and peri-urban areas using dense time stacks of Landsat satellite data and a data mining approach[J]. Remote Sensing of Environment, 2012, 124: 689-704.

[134] Schneider A, Mertes C M, Tatem A J, et al. A new urban landscape in East-Southeast Asia, 2000—2010[J]. Environmental Research Letters, 2015, 10(3): 034002.

[135] Elvidge C D, Baugh K E, Dietz J B, et al. Radiance Calibration of DMSP-OLS Low-Light Imaging Data of Human Settlements[J]. Remote Sensing of Environment, 1999, 68(1): 77-88.

[136] Elvidge C D, Imhoff M L, Baugh K E, et al. Night-time lights of the world: 1994—1995[J]. ISPRS Journal of Photogrammetry and Remote Sensing, 2001, 56(2): 81-99.

[137] Kaspersen P, Fensholt R, Drews M. Using Landsat Vegetation Indices to Estimate Impervious Surface Fractions for European Cities[J]. Remote Sensing, 2015, 7(6): 8224-8249.

[138] Huete A, Didan K, Miura T, et al. Overview of the radiometric and biophysical performance of the MODIS vegetation indices[J]. Remote Sensing of Environment, 2002, 83(1-2): 195-213.

[139] 徐涵秋. 利用改进的归一化差异水体指数(MNDWI)提取水体信息的研究[J]. 遥感学报, 2005, 9(5): 7.

[140] McFeeters S K. The use of the Normalized Difference Water Index (NDWI) in the delineation of open water features[J]. International Journal of Remote Sensing, 2007, 17(7): 1425-1432.

[141] Pohl C, Van Genderen J L. Review article Multisensor image fusion in remote sensing: Concepts, methods and applications[J]. International Journal of Remote Sensing, 1998, 19(5): 823-854.

[142] Zhang J. Multi-source remote sensing data fusion: status and trends[J]. International Journal of Image and Data Fusion, 2010, 1(1): 5-24.

[143] Guo W, Zhang Y, Gao L. Using VIIRS-DNB and landsat data for impervious surface area mapping in an arid/semiarid region[J]. Remote Sensing Letters, 2018,9(6): 587-596.

[144] Wu J. Urban sustainability: an inevitable goal of landscape research[J]. Landscape Ecology, 2009, 25(1): 1-4.

[145] Xian G. Satellite remotely-sensed land surface parameters and their climatic effects for three metropolitan regions[J]. Advances in Space Research, 2008, 41(11): 1861-1869.

[146] Yang F, Matsushita B, Yang W. et al. Mapping the human footprint from satellite measurements in Japan[J]. ISPRS Journal of Photogrammetry and Remote Sensing, 2014, 88: 80-90.

[147] Cao C, Bai Y. Quantitative Analysis of VIIRS DNB Nightlight Point Source for Light Power Estimation and Stability Monitoring[J]. Remote Sensing, 2014, 6(12): 11915-11935.

[148] Yuan D, et al. Regression Analysis and Comparison of Economic Parameters with Different Light Index Models under Various Constraints[J]. Sensors (Basel), 2021, 21(22).

[149] Elvidge C D, Daniel Z, Baugh K E, et al. A Fifteen Year Record of Global Natural Gas Flaring Derived from Satellite Data[J]. Energies,

2009, 2(3): 595-622.

[150] Zhang Q, Seto K. Can Night-Time Light Data Identify Typologies of Urbanization? A Global Assessment of Successes and Failures[J]. Remote Sensing, 2013, 5(7): 3476-3494.

[151] 郭伟. 夜间灯光数据和 MODIS 数据用于大尺度不透水面制图研究[D]. 武汉：武汉大学, 2015.

[152] Srinivasan V, Seto K C, Emerson R, et al. The impact of urbanization on water vulnerability: A coupled human–environment system approach for Chennai, India[J]. Global Environmental Change, 2013,23(1): 229-239.

[153] Li L, Lu D. Mapping population density distribution at multiple scales in Zhejiang Province using Landsat Thematic Mapper and census data[J]. International Journal of Remote Sensing, 2016,37(18): 4243-4260.

[154] Liu X, Hu G, Ai B, et al. A Normalized Urban Areas Composite Index (NUACI) Based on Combination of DMSP-OLS and MODIS for Mapping Impervious Surface Area[J]. Remote Sensing, 2015, 7(12): 17168-17189.

[155] Zhuo L, Zheng J, Zhang X, et al. An improved method of night-time light saturation reduction based on EVI[J]. International Journal of Remote Sensing, 2015, 36(15-16): 4114-4130.

[156] Liu Y, Yang Y, Jing W, et al. A New Urban Index for Expressing Inner-City Patterns Based on MODIS LST and EVI Regulated DMSP/OLS NTL[J]. Remote Sensing, 2017, 9(8).

[157] Deng C, Wu C. Examining the impacts of urban biophysical compositions on surface urban heat island: A spectral unmixing and thermal mixing approach[J]. Remote Sensing of Environment, 2013, 131: 262-274.

[158] Yang L, Stehman S V, Smith J H, et al. Thematic accuracy of MRLC land cover for the eastern United States[J]. Remote Sensing of Environment,

2001, 76(3): 418-422.

[159] Yang L, Xian G, Klaver J M, et al. Urban Land-Cover Change Detection through Sub-Pixel Imperviousness Mapping Using Remotely Sensed Data[J]. Photogrammetric Engineering & Remote Sensing, 2003, 69(9): 1003-1010.

[160] Chander G, Huang C, Yang L, et al. Developing Consistent Landsat Data Sets for Large Area Applications: The MRLC 2001 Protocol[J]. IEEE Geoscience and Remote Sensing Letters, 2009, 6(4): 777-781.

[161] DeFries R, Hansen M, Steininger M, et al. Subpixel forest cover in central Africa from multisensor, multitemporal data[J]. Remote Sensing of Environment, 1997, 60(3): 228-246.

[162] Longley P. Global Mapping Of Human Settlement: Experiences, Datasets, and Prospects[J]. The Photogrammetric Record, 2010, 25(130): 205-207.

[163] Wardlow B D, Egbert S L. Large-area crop mapping using time-series MODIS 250 m NDVI data: An assessment for the U.S. Central Great Plains[J]. Remote Sensing of Environment, 2008, 112(3): 1096-1116.

[164] Shao Y, Lunetta R S. Comparison of support vector machine, neural network, and CART algorithms for the land-cover classification using limited training data points[J]. ISPRS Journal of Photogrammetry and Remote Sensing, 2012, 70: 78-87.

[165] DeFries R S, Hansen M, Townshend J R G, et al. Global land cover classifications at 8 km spatial resolution: The use of training data derived from Landsat imagery in decision tree classifiers[J]. International Journal of Remote Sensing, 1998, 19(16): 3141-3168.

[166] Small C, Lu J W T. Estimation and vicarious validation of urban vegetation abundance by spectral mixture analysis[J]. Remote Sensing of

Environment, 2006. 100(4): 441-456.

[167] 刘珍环, 王仰麟, 彭建. 深圳市不透水表面的遥感监测与时空格局[J]. 地理研究. 2012, 31(08): 1535-1545.

[168] 刘珍环, 王仰麟, 彭建,等. 基于不透水表面指数的城市地表覆被格局特征——以深圳市为例[J]. 地理学报, 2011, 66(07): 961-971.

[169] Mountrakis G, Im J, Ogole C. Support vector machines in remote sensing: A review[J]. ISPRS Journal of Photogrammetry and Remote Sensing, 2011, 66(3): 247-259.

[170] Brenning A. Benchmarking classifiers to optimally integrate terrain analysis and multispectral remote sensing in automatic rock glacier detection[J]. Remote Sensing of Environment, 2009, 113(1): 239-247.